シリーズ 宇宙総合学 2

編　集　(宇宙ユニット) 京都大学宇宙総合学研究ユニット
編集委員　柴田一成・磯部洋明・浅井歩・玉澤春史

人類は宇宙をどう見てきたか

著　伊藤和行
田中貴浩
海老原祐輔
栗田光樹夫
荻野司
鎌田東二
中野不二男
玉澤春史
家森俊彦

朝倉書店

● 編集

京都大学宇宙総合学研究ユニット

[編集委員]

柴田一成（しばた かずなり）	京都大学大学院理学研究科
磯部洋明（いそべ ひろあき）	京都市立芸術大学美術学部
浅井歩（あさい あゆみ）	京都大学大学院理学研究科
玉澤春史（たまざわ はるふみ）	京都市立芸術大学美術学部

● 執筆者（執筆順）

伊藤和行（いとう かずゆき）	京都大学大学院文学研究科	（第 1 章）
田中貴浩（たなか たかひろ）	京都大学大学院理学研究科	（第 2 章）
海老原祐輔（えびはら ゆうすけ）	京都大学生存圏研究所	（第 3 章）
栗田光樹夫（くりた みきお）	京都大学大学院理学研究科	（第 4 章）
荻野司（おぎの つかさ）	合同会社ゼロワン研究所	（第 4 章）
鎌田東二（かまた とうじ）	上智大学グリーフケア研究所／京都大学名誉教授	（第 5 章）
中野不二男（なかの ふじお）	一般財団法人リモート・センシング技術センター	（第 6 章）
玉澤春史（たまざわ はるふみ）	京都市立芸術大学美術学部	（コラム）
家森俊彦（いえもり としひこ）	京都大学名誉教授	（あとがき）

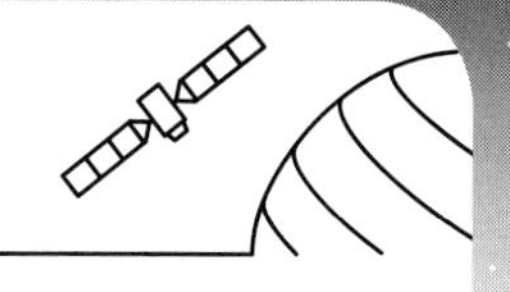

まえがき

2008年に設立された京都大学宇宙総合学研究ユニット（通称：宇宙ユニット）は，理工学から人文・社会科学にわたる多様な宇宙研究の推進と，学際的で新しい宇宙研究の開拓を目的にしてできた組織です．本書をはじめとする全4巻のシリーズは，宇宙ユニットの参加教員が中心となって2009年から毎年開講してきた京都大学の講義「宇宙総合学」の講義録などが基になってできたものです．本書の内容の多くは最先端の研究成果に基づいていますが，意欲的な中学生・高校生や大学初年生であれば理解できるように，できるだけ予備知識がなくても読み進められるように書かれています．また，本書は全4巻でひとつのシリーズとなっていますが，どの巻から読み始めても構いません．いずれの巻も理工学や人文・社会科学に関する章を含んでおり，宇宙総合学の分野の広がりを感じていただけるかと思います．

第2巻である本書は，「人類は宇宙をどのように見てきたのか」をテーマにして，六つの章と一つのコラムで様々な研究を紹介しています．

第1章では人類の宇宙観の変遷を，近代西欧における科学的宇宙論の発展を中心に紹介しています．地動説に続く銀河系の発見や膨張宇宙論の確立など，望遠鏡とそれを用いた観測すなわち「観る」技術の発展が，理論的研究と結びつくことで人類の宇宙観を更新してきたことがわかります．

宇宙の成り立ちを科学的に追求していくことで人類の宇宙観を更新していく学問は宇宙論と呼ばれます．第2章では，最新の宇宙論とその背景となる相対性理論をはじめとした物理学，そして今も残る未解決の問題について解説しています．

第3章はオーロラがテーマです．夜空を美しく彩るオーロラの起源は太陽です．オーロラは地球周囲の宇宙空間や超高層大気が，太陽の爆発現象などによって様々に変動していることの一つの現れです．第３章とコラムでは，歴史文献の中で人々がどのようにオーロラを書き残していたかという，本書の共通したテーマにもつながる話題も紹介されています．

第４章は京都大学を中心に開発した「せいめい望遠鏡」について，新しい技術を駆使して今までなかった宇宙を観る方法を生み出すプロセスと，そのような技術をいかに産業活動につなげるかということについて書いています．異分野との接点を大事にする宇宙総合学らしい研究ということもできるでしょう．

第５章は宗教学や民俗学の立場から宇宙と人の心について論じたものです．近代科学が生まれる以前から，人々はこの宇宙がどのようなところなのかについて思いを巡らせてきました．神話や宗教の宇宙観は，近代科学のそれとは異なるものですが，それは現代を生きる人にとっても大切なものであり，また学術的な研究の対象ともなりうるものです．

第６章「宇宙人文学」では，考古学や歴史学のような人文学に最新の人工衛星による地球観測のデータを駆使するという，いわば文系のテーマに理系の手法を用いる研究について紹介しています．この先端的な研究には高校生も参加しています．アイディアと熱意があれば高校生でもこんな面白い研究ができるということに刺激を受ける人もいるかもしれません．

以上のように，本書の一つ一つの章の研究テーマは一見大きくことなりますが，それらの研究は，「人々の宇宙観」「宇宙を観る技術とその役割」「理系と文系の連携」など，いろいろなやり方でお互いに関係しています．それぞれの章ごとの関係も気にとめながら読んでいただけると幸いです．本シリーズを通じて読者の皆さんが様々な宇宙研究のつながりに気づくだけでなく，ご自身の関心や専門分野と宇宙分野の新たな接点を見つけてくださることを願っています．

最後に，「宇宙総合学」の講義を担当するとともに，本書の分担執筆にご協力いただいた共著者の方々に深く感謝します．また，本書の出版にあたっては，朝倉書店の方々には，企画当初から何から何まで本当にお世話になりました．心より感謝申し上げます．

2019 年 11 月

編集委員　柴田一成・磯部洋明・浅井　歩・玉澤春史

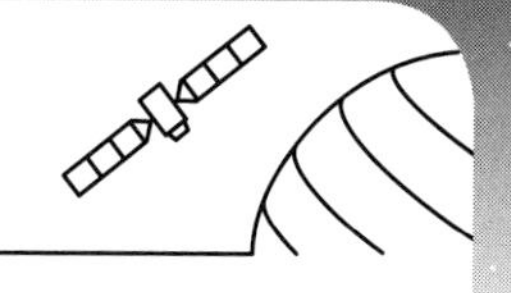

目　　次

chapter 1

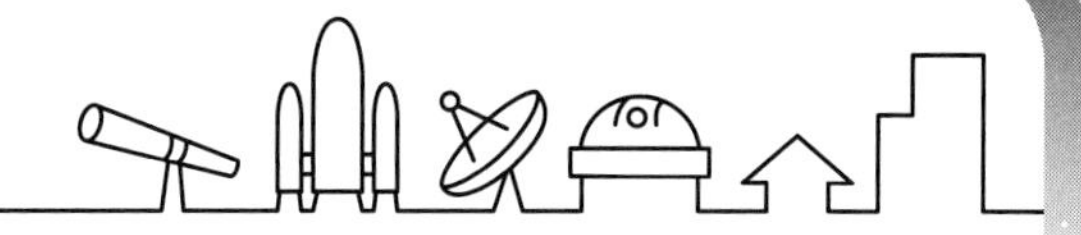

科学的宇宙論の発展

伊藤和行

人類の宇宙への関心は，文明が誕生した時代からみられます．古代の代表的な文明では，必ず恒星や惑星についての観測記録，そして星にまつわる神話の記録が残されています．天体の観測や位置の予測を生業とする人々が存在しており，支配者たちは暦学者や占星術師を雇っていました．天文学は，科学のなかでは古代から専門家の存在する分野でしたが，宇宙論と必ずしも強く結びついてはいませんでした．宇宙論はもっぱら宗教や哲学と結びついていたといえます．

天文学が宇宙論と密接な関係をもつようになったのは，17 世紀のヨーロッパにおいて近代科学が誕生してからでした．科学革命の中心となったのは，アイザック・ニュートン（Isaac Newton, 1642–1727）の力学に代表される数理科学の誕生でしたが，その核心は惑星運動の理論の革新でした．ニュートンは，運動法則と万有引力の法則によって，経験的に与えられていた惑星運動の法則を力学的に説明したのでした．科学革命を通じて，新しい自然研究の方法とともに，新しい宇宙像が誕生しました．この宇宙論の変革には，17 世紀初頭に発明された望遠鏡による観測が大きな役割を果たしています．以後，観測天文学の発展は，科学的な宇宙論の発展を後押ししてきました．以下では，16 世紀の太陽中心説の提唱から，20 世紀初めの膨張宇宙論の成立まで，近代における科学的宇宙論の発展をたどることにします．

1.1　新しい宇宙像へ

1.1.1　コペルニクスの太陽中心説

古代以来，人々は，地球が宇宙の中心にあり，日々太陽や恒星は地球のまわ

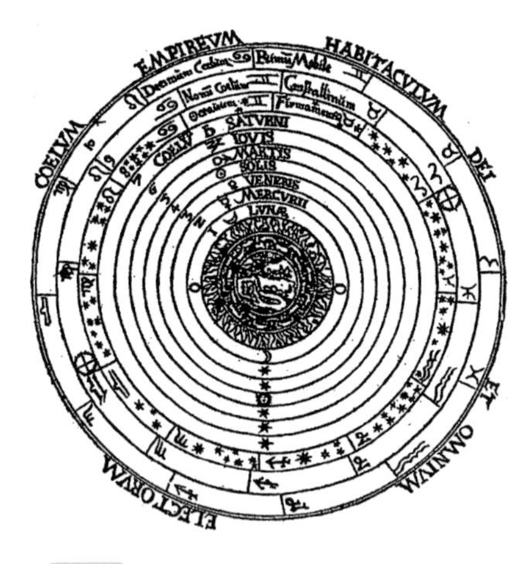

図 1.1　アピアヌスの地球中心的宇宙体系（Apeanus, 1533）

りをめぐっていると考えてきました（図 1.1）．たしかに日常的な経験から地球が動いていることを感じることはありませんし，肉眼で見る限り恒星は何か球のようなもの（天球）に貼りついていて，その球が回転することによって恒星も規則的な運動をしているようにみえます．古代世界における宇宙論，そして天文学の理論もほぼすべてが地球中心説（天動説）に基づいていました．近代まで西洋世界で支配的だった古代ギリシャの宇宙論でも地球は宇宙世界の中心に置かれていました．宇宙は地上世界と天上世界というまったく異なる2つの世界に分けられ（シリーズ第4巻第1章（嶺重慎）参照），地上世界が4つの物質（土・水・空気・火）から構成されるのに対し，月から上の天上世界はエーテルと呼ばれる物質（第五元素）からなると考えられます．地上世界では生成消滅・変化がありますが，天上世界は変化のない完全な世界とされていました．そのため，すい星は天上世界ではなく地上世界に属すものとみなされます．すい星は地上から上昇した蒸気が太陽の光によって燃えて輝いているものであって，月より下の世界に属しているのです．また月の表面は，今日のように，クレーターなどの起伏があり，その影によって模様が生じるとは考えられていませんでした．月は天体である以上，完全なものであって，その表面は滑らかであり，肉眼でみられるものは単なる模様でしかなかったのです．

天文学的理論として太陽中心説（地動説）を最初に主張したのは，ポーランドのニコラウス・コペルニクス（Nicolaus Copernicus, 1473–1543）でした．彼は，『天球回転論』（1543）において，地球をはじめとする諸惑星が太陽のまわりをめぐる惑星理論を展開しました（図 1.2）．彼の理論の一番の利点は，惑星の不規則な見かけの運動を合理的に説明できることでした．惑星は，太陽と同じ軌道（黄道）上を日々少しずつ東へ進むのが見られますが，一定の期間だ

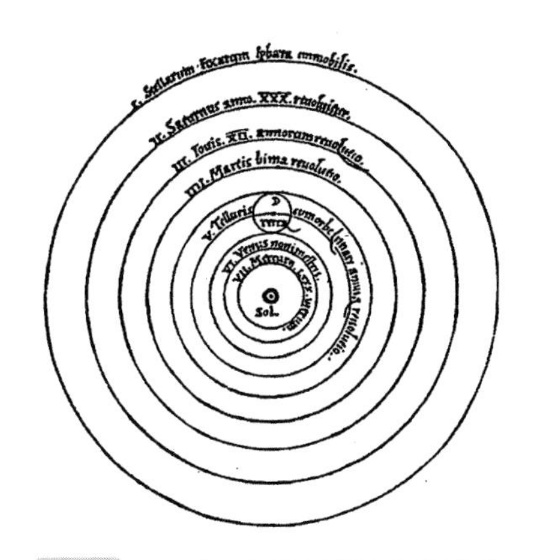

図 1.2　コペルニクスの太陽中心的宇宙体系（Copernicus, 1543）

け西に進むこと（逆行）があります．太陽中心説によれば，この現象がうまく説明できます．また各惑星の軌道半径を相対的に決定することもできました．

しかしコペルニクスの理論には大きな問題がありました．それは，日常的な経験からは，地球は静止しているように思われることです．もし地球が西から東へ自転しているならば，非常に強い東風が吹くのではないでしょうか．またなぜ地上の物体は，遠心力によって地球の外へ飛ばされてしまわないのでしょうか．これらの問題を解決するには，物体の運動に関する新しい理論が必要でした．

1.1.2　ガリレオの天体観測と新しい宇宙像

ルネサンス（14〜16 世紀頃）の哲学者のなかには，太陽中心説に基づいた宇宙論を展開するものもみられましたが，彼らの主張はもっぱら思弁的なものでした．経験的な証拠によって，太陽中心説に基づいた宇宙論を主張したのは，17 世紀前半に活躍したガリレオ・ガリレイ（Galileo Galilei, 1564–1642）です．彼は，1609 年の冬に望遠鏡による本格的な天体観測を開始し，その成果によって太陽中心説を論証するとともに，伝統的な宇宙論，とくに地上世界と天上世界という考えを覆していきました．

望遠鏡を発明したのはガリレオではありませんでしたが，当時市販されていた望遠鏡の倍率が 2 ないし 3 倍だったのに対し，彼が天体観測に用いた望遠鏡の倍率は 20 倍ほどでした．彼は 1609 年 12 月から天体観測を始め，その成果を『星界の報告』（1610）において発表しました．ガリレオは，月表面には起伏が存在することを指摘しています（図 1.3）．それまで月の表面は完全に滑らかなものと考えられていましたが，ガリレオはいくつかの証拠をあげて，月の表面には起伏があると主張しました．

第一の証拠は，月の明るい部分と暗い部分を分ける境界がぎざぎざした線に

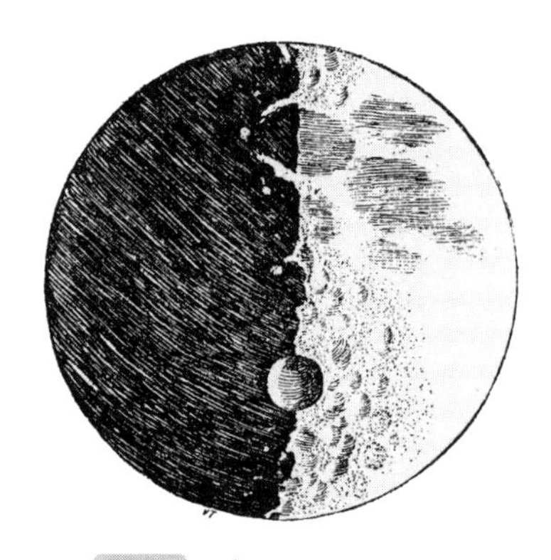

図 1.3 ガリレオによる月の図
(Galilei, 1610)

なっていることです．月の表面が完全な球面であるならば，境界は滑らかな曲線になるはずです．第二の証拠は，月の明るい部分に点在している斑点の存在です．それは，高い山によって囲まれている平地がまわりの山の影になっていることを示しているのです．地上において，まわりを山に囲まれている盆地で，朝や夕に山の影になる部分が暗くなることを思い起こしてください．第三には，暗い部分にある輝く点があることがあげられています．これは，ガリレオによれば，太陽の光が当たって輝いている高い山の頂きにほかならないのです．

ガリレオは，月表面の観察結果から，その起伏の存在を説明する際には，地上の現象とのアナロジーによっていました．地上で物体に光が当たって影が生じるのと同じことが月の表面でも起こっていると考えたのです．ガリレオは，月面上のことについても地上と同じ理屈が成り立つと考えて，望遠鏡による観察の結果を解釈しています．

ガリレオは，恒星については，裸眼で見たときよりも非常に多くのものが見られると報告し，そして惑星と恒星の違いを指摘しています．惑星が望遠鏡によって拡大されるのに対し，恒星はそのままの大きさであることから，恒星は惑星よりもはるかに遠くにあると考えられました．つぎにそれまで何か雲のようなものとみなされていた天の川が無数の星の集まりであることを発見しました．

さらに木星の４つの衛星を発見しています．そして木星という惑星のまわりをめぐる天体の発見は，太陽中心説にとって好都合でした．というのも，月が地球のまわりをめぐっているので，太陽中心説では，地球は月を引き連れて太陽のまわりをめぐることになりますが，これはおかしなことだと考えられていたからです．地球中心説では，月を含むすべての天体は地球のまわりをめぐっており，惑星が他の天体を引き連れて回転運動するというようなことは起こらないのです．今や木星は，地球であれ，太陽であれ，そのまわりを，4 個の衛星を引き連れて回転運動をするのですから，地球が 1 つの月を引き連れて運動しても不思議なことではないでしょう．このように木星の衛星の発見は，太陽中心説に対する批判を 1 つ減らすものでしたが，しかし積極的に支持する証拠ではありませんでした．

太陽中心説によれば，地球は木星と同様に惑星の 1 つになってしまいます．それまで地球は宇宙の中心にあり，それゆえに他の天体とは異なる特別なものとみなされていました．それに対して，地球も惑星の 1 つである以上，地上世界と天上世界との区別はその根拠を失ってしまうのです．地上世界で起こっていることは天上世界でも起こっていると考えられないでしょうか．ガリレオは，月や木星は，地球と同様に，蒸気の球によって囲まれていると主張しています（この考えが誤りであることには，ガリレオもあとで気づいたようです）．

ガリレオが太陽中心説の決定的な証拠と考えたのは，1610 年 12 月に発見した金星の満ち欠けでした（図 1.4）．望遠鏡で見ると，金星は満ち欠けをするとともに大きさも変化していることがわかったのです．とくに三日月のようになったときには一番大きく，満ちていき満月に近くなったときには一番小さく見えます．これは，金星が太陽のまわりをめぐっていると考えないとうまく説明できません．それにより，ガリレオは地球を含むすべての惑星は太陽のまわりを回っていると結論し，これこそが太陽中心説が正しいことの決定的な証拠だと考えたのです．

ガリレオは，1612 年には太陽黒点の観測を行っていますが，それによって，地上世界と天上世界との同質性を主張する新たな証拠を得ることになります．観測の成果を発表した『太陽黒点論』（1613）では，非常に精確な太陽黒点の図版が掲載されています（図 1.5）．当時は，太陽は不変であるから，黒点は水星や金星の影であるとか，太陽のまわりをめぐる小さな天体の影であると考えられていました．それに対して，ガリレオは，1 カ月を超える継続的な観測の結果を用いて，黒点は，太陽のまわりをめぐる天体の影ではなく，太陽表面上

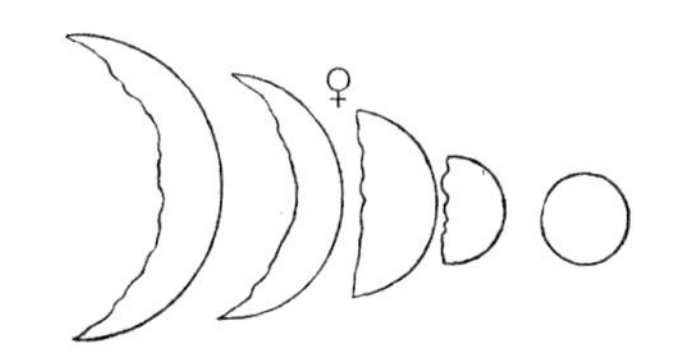

図 1.4　ガリレオによる金星の満ち欠けの図（Galilei, 1623）

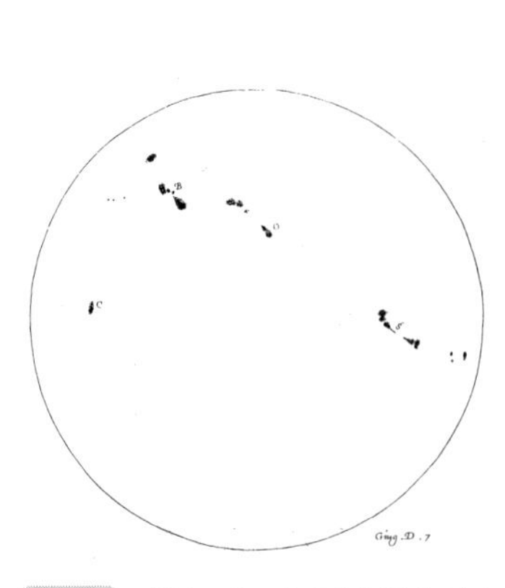

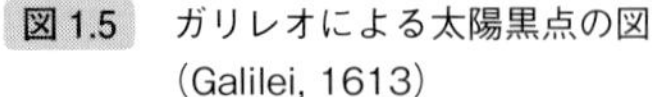

図 1.5　ガリレオによる太陽黒点の図（Galilei, 1613）

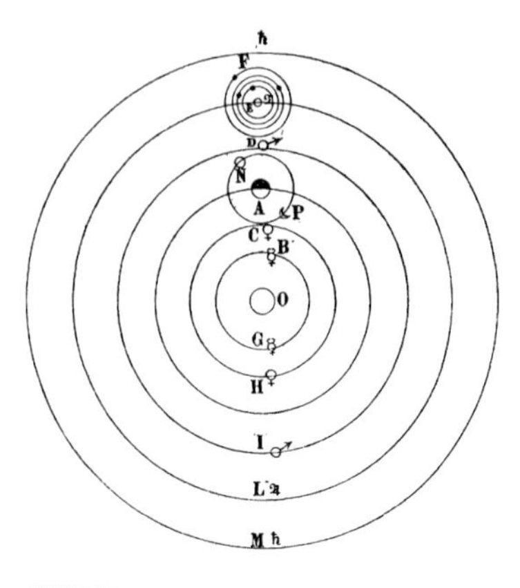

図 1.6　ガリレオの太陽中心的宇宙体系（Galilei, 1632）

か近くにある物体の影であると主張しています．黒点は日々姿を変え，生成消滅しますので，太陽も変化していると考えられます．そしてさまざまな黒点の共通の運動から，太陽は約 30 日で自転していると結論します．このように太陽も，地球のように変化し，自転運動もしているというのがガリレオの考えでした．

ガリレオは，望遠鏡による天体観測の成果を用いて伝統的な宇宙論に対抗する新しい宇宙論を展開していきましたが，大きな問題は地球の運動にともなうはずの自然現象がみられないことでした．それに対して，ガリレオは主著『世界系対話』（1632）においては，新しい運動の理論を展開することによって問題に答えようとしました（図 1.6）．地球上の物体は地球の運動を共有しているので，私たちは地球とともに運動していてもそれに気づくことはないのです．

ガリレオは，落下法則の発見によって力学の歴史でも名前を知られていますが，新しい力学を確立するまでにはいたりませんでした．惑星の運動を力学的に説明することは，ニュートンを待たねばなりません．しかしガリレオは，天体観測の成果によって太陽中心説の経験的根拠を提示するとともに，伝統的な宇宙論の核心である 2 つの世界という考えを打破したといえるでしょう．

1.1.3　ニュートンと均質な宇宙

ガリレオとほぼ同時期に活動した天文学者ヨハネス・ケプラー（Johannes Kepler, 1571–1630）は，ガリレオとはまったく異なった形で太陽中心説を擁護しました．彼は，惑星が太陽のまわりをめぐっていると考えることによって，惑星運動に関する3つの法則を観測結果から導き出したのでした．

第1法則：惑星の軌道は，太陽を1つの焦点とする楕円である
第2法則：惑星と太陽を結ぶ線分は，等しい時間内に等しい面積を描く
第3法則：惑星の公転周期の2乗は，軌道半径の3乗に比例する

これらの法則はまったく経験的なものでしたが，このような数学的法則性が成り立つことは，太陽中心説の信憑性を高めるものでした．ニュートンは，1687年に刊行した『プリンキピア』において，ケプラーの法則を，運動法則と万有引力の法則という新しい力学理論によって説明しました．それまでの惑星理論では，惑星運動を説明する数学的機構が成立する根拠を示すことはできませんでしたが，ニュートンは力学理論という根拠を提供したのです．これによって天文学の理論はまったく新たな地平に立ったといえるでしょう．

さらにニュートンは，自らの新しい力学理論によって，惑星の運動だけでなく地上の物体の落下運動も説明しました．彼の力学法則は，地上世界であろうと天上世界であろうと，あらゆる物体に適用することができます．このときに彼が前提としていたのは，同一の法則が適用できる1つの宇宙世界だったのです．伝統的な宇宙論にあった地上世界と天上世界という2つの世界という考えは消え去り，いわば均質な宇宙になったといえるでしょう．このように地球中心説から太陽中心説への転換は，単に宇宙の中心が地球から太陽に変わったということにとどまらず，宇宙像を根底から覆すものでした．

ニュートンの宇宙では，恒星はもはや天球に貼りつけられているのではなく，無限に広がる均質な空間中に一様に分散しており，万有引力によって互いに引き合いつつ力学的に安定した状態にあると考えられていました．18世紀に入ると，恒星の空間的な分布が問題となります．

1.2 銀河系（天の川銀河）の発見

1.2.1 望遠鏡の発達

17 世紀初頭の望遠鏡の発明以来，観測天文学の発展は，望遠鏡の技術的革新と密接に結びついています．近いところでは 20 世紀中頃の電波望遠鏡の登場があげられますし，現在も新しい望遠鏡の開発が行われています（第 4 章参照）．17 世紀にも望遠鏡の技術開発が進められていました．

1630 年代に入ると，ガリレオの用いた型式の屈折望遠鏡が，ケプラーの考案した型式の屈折望遠鏡によってとって代わられました（図 1.7 左）．ガリレオ式望遠鏡は，対物レンズに凸レンズ，接眼レンズに凹レンズを用いたもので，正立像を結ぶという利点があり，地上のものを見るのに適していましたが，視野が狭く，倍率も約 30 倍が限界でした．ケプラー式望遠鏡は接眼レンズにも凸レンズを用いており，倒立像を結びましたが，像の向きは天体を観測する上では大きな問題とはならず，ガリレオ式望遠鏡よりも視野が広く，倍率も 30 倍以上が可能だったので，17 世紀中頃になると，天体観測にはケプラー式望遠鏡がもっぱら使われるようになりました．さらに倍率を上げるために鏡筒の長さが数 m 以上にもなる大きな望遠鏡が製作されています．オランダのクリスティアーン・ホイヘンス（Christiaan Huygens, 1629–1695）が 1650 年代に土星の衛星タイタンや土星の輪を発見した際に用いた望遠鏡は長さが数 m ほどありました（図 1.8）．この時代に，すでに望遠鏡の巨大化競争が始まっていたのです．

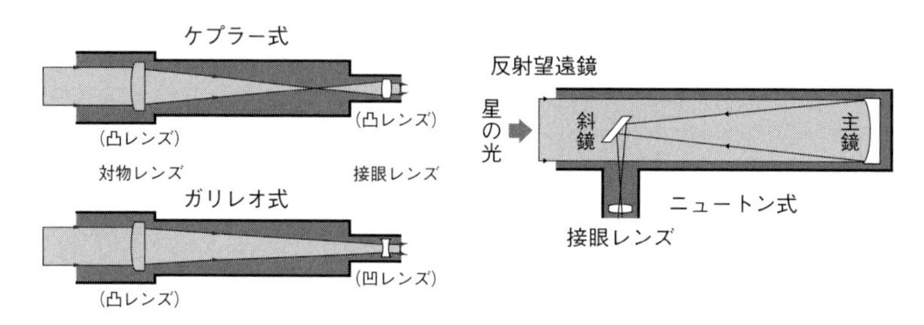

図 1.7　望遠鏡の種類と構造

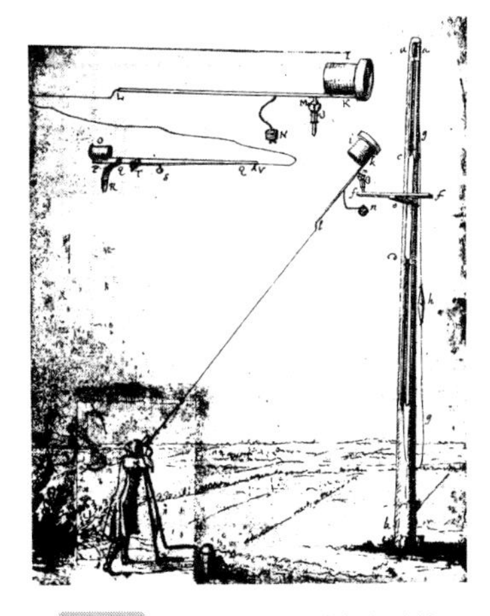

図 1.8　ホイヘンスの空気望遠鏡（Huygens, 1684）

現代の天文観測において主流を占めているのは反射望遠鏡です．これにはいくつかの種類がありますが，反射鏡を用いていることが特徴です．その最初のものは，17世紀後半にニュートンによって製作されましたが（図 1.7 右），本格的に用いられるようになったのは 18 世紀に入ってからでした．望遠鏡は倍率を上げていくと像が暗くなるので，より多くの光を集めるために大きな対物レンズが必要でしたが，その製作は容易ではありませんでした．一方，鏡であれば，さらに大きなものを製作することが可能になったのです．18 世紀後半には口径が 1 m を超える反射望遠鏡も製作されています．大きな反射望遠鏡によって，それまでは見られなかった天体を探すことが，当時の天文学者の大きな目標でした．18 世紀後半には，天王星や小惑星，そして数多くの星雲が発見されています．

1.2.2 ライトの宇宙構造論

18 世紀後半には，新しい宇宙構造論が提唱されています．ニュートンの力学的宇宙によれば，無数の恒星が無限に広がる空間中に分布することになりましたが，18 世紀に入ると，恒星の 3 次元的な分布が論じられています．イギリスのトマス・ライト（Thomas Wright, 1711–1786）は，星雲と天の川を類比的に考え，天の川の姿を，私たちが非常に多くの恒星から構成される球殻のなかにあることによって説明しようと試みました．彼は，『宇宙の独創的な理論すなわち新しい仮説』（1750）において宇宙の構造を神学的な意図から考察しています．

ライトによれば，太陽や他の恒星は，球殻の形状をしている空間を占めており，この殻の中心には神の座が置かれています（図 1.9）．星々が静止しているとすれば，相互引力によって引きつけられて宇宙が崩壊してしまうので，それ

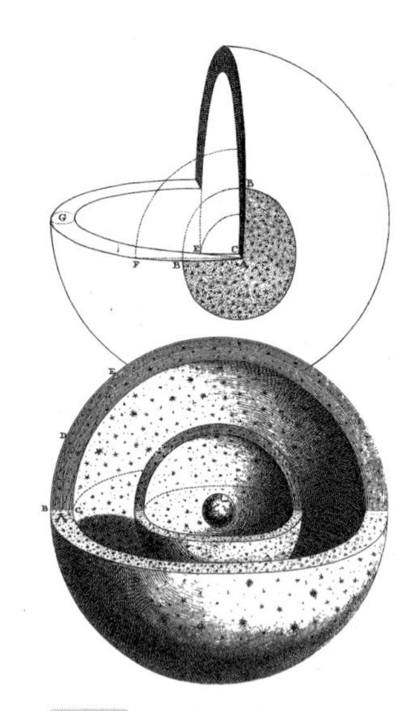

図 1.9　ライトの宇宙構造図（Wright, 1750）

らは軌道上を運動し続けることによってそのような事態を回避していると考えられています.

ライトの体系では，太陽は，球殻を形成している無数の星の 1 つにすぎないことになります．球殻の半径は非常に大きいのですが，その厚さは薄いのです．そのなかにある地球から，球の中心方向や反対方向を見るときには少ない星しか見えませんが，それらの星は近くにあって，そのため明るく見えます．一方，球殻の内側の方向を見るときには，近くの星のほか，遠くにある多くの星も見えるでしょう．それらの無数の星の光が混じり合うことによって，天の川の姿が現れるのです.

このようなライトの宇宙構造論はまったく思弁的なものであって，当時の天体観測の成果とは何ら関係がありませんでした．それに対して，望遠鏡による恒星や星雲の観測に基づき，天の川と宇宙の構造についての研究を進めたのがウィリアム・ハーシェルです.

1.2.3　ハーシェルと銀河系の発見

ウィリアム・ハーシェル（William Herschel, 1738–1822）は，18 世紀後半に巨大な反射望遠鏡を用いて天体観測を行い，新しい宇宙像を提唱しました．彼の名前が天文学の世界で知られるようになったのは，1781 年の天王星の発見によってでした.

この発見をハーシェルは 1776 年に自作した反射望遠鏡によってなしとげました．その望遠鏡は，長さが 7 フィート（約 2.1 m）で，反射鏡の直径は 6 インチ（約 18 cm）でした．彼は，以後大きな望遠鏡を次々と製作しています．彼が製作した望遠鏡で一番有名なのは，1783 年に使用を開始した，長さ 20 フィート（約 6 m），口径 18 インチ（約 45 cm）の反射望遠鏡で，彼の多くの発見はこの望遠鏡によるものでした（図 1.10）．彼の製作した最も大きな望遠鏡

図 1.10　ハーシェルの20フィート反射望遠鏡（1794）

図 1.11　ハーシェルの40フィート反射望遠鏡（Herschel, 1785）

は，1789年に製作した長さ40フィート（約12 m），口径48インチ（約120 cm）のものでしたが（図1.11），あまりに大きいために操作が大変であり，主なる天体観測はもっぱら20フィート望遠鏡を用いていました．

ハーシェルは，当時としては最大級の反射望遠鏡を用いて，全天にわたって恒星や星雲の観測を行いました．当時の天体観測の第一の対象は，太陽や他の惑星，そして非常に明るい恒星であって，天王星や小惑星の発見は18世紀の天体観測の代表的な成果でした．ハーシェルは，口径の大きな反射望遠鏡によって，よりたくさんの光を集め，より暗い天体の観測に専念していきました．彼は連星や星雲のカタログを作成し，誕生して間もなかった恒星の天文学を発展させたのです．

ハーシェルは，彼の巨大望遠鏡による観測結果に基づいて，独自の宇宙論を展開します．1784年の論文「諸天の構成を探究するためのいくつかの観測の説明」（Herschel, 1784）では，天の川は恒星からなる層であって，太陽はその中に位置していると述べています．図1.12のように，恒星の層は，約5万個の恒星が含まれていて，無限に広がる2つの平行な平面の間に星は配置されています．私たちはその層のなかにいるので，それらの大円に投影された姿を見ています．層の方向の恒星は重なって見えるために密集しているように見え，それが天の川です．この層は，一方では1つですが，反対方向では2つに分枝し

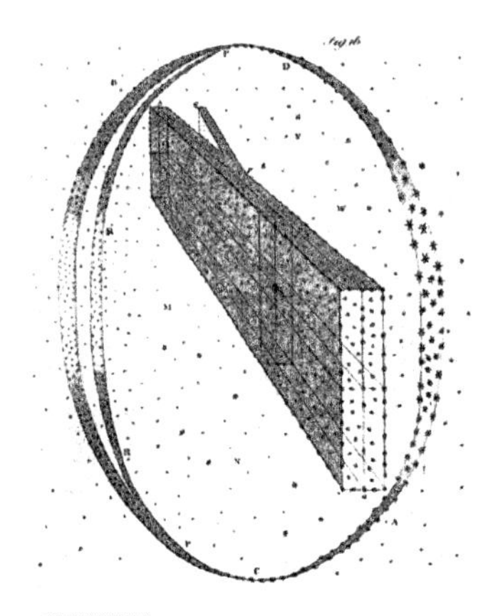

図 1.12　ハーシェルの宇宙構造図（Herschel, 1784）

ていて，それが2つの星々の弧として見られます．私たちは層の中央にいて，層のなかの恒星は外側の円にあるかのように見えるのです．

ハーシェルは，翌年1785年の論文「諸天の構成について」（Herschel, 1785）では，さらに具体的な天の川の姿を描いています．図1.13のように，天の川の外から見たときの姿で，一方では大きく2つに分かれています．この形を導くには，各方向における星までの距離を求めることが必要でした．そのために，彼は2つの基本的な仮定を置いています．第一の仮定は，一様性の仮定，すなわち星は宇宙空間中に一様に分布しているというものです．第二の仮定は，彼の望遠鏡によってすべての星を見ることができるということでした．これらの仮定から，より多くの星が観測される領域ほど星が遠くまで分布していることになります．そして，ある領域における最も遠い星までの距離は，その領域で観測される星の数の3乗根に比例します．

ハーシェルは，宇宙を小さな領域に細分し，その領域ごとに星の数を調べるという統計的観測を行っています．これより，天の川の領域には，他の領域に比べて非常に遠くまで星が分布していると考えられ，さらに各方向における天の川の深さ，すなわち天の川の境界をなす星までの距離が，その方向で観測される星の数から推測されます．天の川は，非常に多くの星が盤状に分布しているものであって，太陽はその中央に位置しているのです．ハーシェルの考えた

図 1.13　ハーシェルによる天の川の形状図（Herschel, 1785）

天の川における星の空間的な分布の図では，さそり座から，はくちょう座の方向では，分布が2本に枝分かれしていることが示されています.

こうして天の川とは，膨大な数の星の集まりと考えられることになりました．今日では，天の川は銀河系あるいは天の川銀河と呼ばれています.

1.2.4 星雲の実体をめぐって

ハーシェルは，天の川の構造を論じた1784年と1785年の論文において，星雲の記述にかなりの部分をあてていました．彼の望遠鏡によれば，いくつかの星雲は小さな星の集団に分解できました．それから，一時はすべての星雲は星の集団ではないか，さらに大きな望遠鏡を用いることによって星に分解できるのではないかと考えていました．しかしさまざまな星雲を発見していくなかで，星には分解できない星雲，何か流体状のものからなる星雲が存在することを認める方へ立場を変えています.

1811年の論文「諸天の構成に関連した天体観測」(Herschel, 1811) では，星雲のなかにはガス状のものが多くあり，それらの雲状になった物質が，重力によっていくつかの段階を経て凝集していくことによって星に変わると考えられています．こうしてハーシェルは，星雲の進化過程を彼の宇宙論の中心に置くようになっていきます.

19世紀前半には星雲の実体が問題になり，星雲は小さな星の集まりに分解できるという立場と，そうではなく，星雲は何かガス状のものからなっているという立場が対立していました．アイルランドの貴族ロス卿ウィリアム・パーソンズ (Third Earl of Rosse William Parsons, 1800–1867) は，あらゆる星雲は星に分解されると考え，そのために19世紀を通じて最も大きな反射望遠鏡を製作しました (図1.14)．1845年に観測を開始した望遠鏡は，その巨大さから「パーソンズタウンのリヴァイアサン (怪物)」と呼ばれ，2つの頑丈な壁の間に南側を向いて鏡筒が設置されていました．反射鏡の直径は6フィート (約1.8 m) で，重さは4 t もありました.

この望遠鏡によって，ロス卿は，りょうけん座にある星雲M51が渦巻構造をもつことを発見しています (図1.15)．これは渦巻星雲の最初の例でした．翌年には，オリオン大星雲のなかに数多くの恒星が存在することを発見しまし

図 1.14　ロス卿の巨大反射望遠鏡
(ca. 1860)

図 1.15　ロス卿による渦巻星雲 M51 の図
(Third Earl of Rosse, 1850)

た．しかし，それらの恒星は，ガス状の雲のなかに埋め込まれており，その星雲全体を星の集まりに分解することはできませんでした．ロス卿は，それまで雲のように見えた多くの星雲を小さな星の集団に分解しましたが，しかし彼の望遠鏡をもってしても，すべての星雲を星の集団に帰することはできなかったのです．

1860 年代に入り，星雲の実体をめぐる論争は，望遠鏡による観測とはまったく異なる方法によって決着がつけられることになります．星雲には，恒星の集団と，ガスからなるものの 2 種類があることがわかりましたが，それは，星雲からやってくる光線を分析することによってなされました．太陽などの恒星が出す光線と，ガスが出す光線とは性質が大きく異なることがわかったことによって，個々の星雲が星の集団かガス状のものかを判別することができるようになったのです．星雲のなかには，ガスのなかに，恒星が存在しているものもありました．

19 世紀末には，アンドロメダ星雲からの光の分析によって，それが太陽に似た恒星の集まりであることがわかりました．これより，アンドロメダ星雲は，私たちの銀河系に似た構造をもつ膨大な数の星の集まり，すなわち銀河とみなされるようになりました．そのため，以後アンドロメダ銀河と呼ばれています．さらに銀河系自体の構造も議論の対象になり，銀河系も渦巻星雲と同じ構造をもっているのではないか，アンドロメダ銀河のような，宇宙に散らばっている島宇宙の 1 つなのではないかという主張もなされたのでした．

1.3 銀河系と膨張宇宙論

1.3.1 宇宙の大きさをめぐる「大論争」

1920 年 4 月に米国ワシントンで開催された米国科学アカデミー主催の会合において，「大論争」と呼ばれた討論会が行われました．ハーロー・シャプレー（Harlow Shapley, 1885–1972）とヒーバー・カーチス（Heber Doust Curtis, 1872–1942）という 2 人の天文学者が，宇宙の大きさと銀河系の本性をめぐって，まったく異なる考えを主張しました．カーチスは，討論会の後で書かれた論文において両者の主張を次のようにまとめています（Shapley and Curtis, 1921）．

● カーチスの理論 ●

銀河系の直径は 3 万光年以上，厚さは 5 千光年であって，渦巻星雲を除く星団やすべての天体は私たちの銀河系の構成部分である．しかし渦巻星雲は，銀河系内にはなく，私たちの銀河系と同じ程度の大きさをもつ島宇宙であって，私たちからは 50 万光年から 100 万光年か，それ以上離れている．

● シャプレーの理論 ●

銀河系の直径は約 30 万光年，厚さは 3 万光年かそれ以上である．球状星団は私たちの銀河系の一部であり最も遠い星団でも約 22 万光年の距離にある．渦巻星雲はおそらく雲状の構成物質からなり，私たちの銀河系の一員ではなく，何らかの方法で星の密度の大きな領域から吹き飛ばされたものである．

カーチスによれば，銀河系は宇宙のなかに数多くある銀河，すなわち島宇宙の 1 つであって，渦巻星雲は，非常に遠方にある，銀河系と同じ規模の銀河なのです．一方，シャプレーによれば，銀河系は宇宙全体に広がっていて，星団も銀河系の一部にほかなりません．両者の主張のどちらが正しいかを判断するためには，銀河系の大きさ，そして星雲や星団までの距離を決定することが必要でした．

この問題に決着をつけることになった観測的事実を提供したのが，エドウィン・ハッブル（Edwin Powell Hubble, 1889–1953）です．彼は，1925 年に，銀河系に最も近い星雲であるアンドロメダ銀河までの距離を求め，それが銀河系の大きさよりもはるかに大きいことを示したのです．彼はアンドロメダ銀河までの距離を約100万光年としました．これは銀河系の大きさをはるかに超えており，銀河系は宇宙のなかの1つの銀河にすぎないことがわかったのです．

1.3.2 リーヴィットとセファイド変光星

ハッブルが用いたアンドロメダ銀河までの距離決定法は，ヘンリエッタ・リーヴィット（Henrietta Swan Leavitt, 1868–1921）が発見したセファイド変光星（「ケフェイド変光星」，「ケフェウス型変光星」などとも呼ばれます）の周期と絶対光度の関係に基づいていました．リーヴィットは，ハーバード大学天文台において，小マゼラン星雲の写真にある変光星について詳細な検討を行っていました．彼女は，1908年に刊行した「マゼラン星雲における1777個の変光星」（Leavitt, 1908）において，16個のセファイド変光星に関して，周期が長いものほど明るいことを指摘しました．4年後の「小マゼラン星雲における25個の変光星の周期」（Pickering, 1912）では，25個の変光星について，周期と見かけの光度の間に数学的関係があると述べています（図1.16）．左の図では，横軸に変光の周期，縦軸に光度がとられていて，周期の長い星ほど明るくなることがわかります．さらに右の図では，横軸に変光周期の対数をとると，直線上に並びます．これら25個の変光星の地球からの距離はほとんど同じであるため，変光周期は変光星の絶対光度と数学的な関係をもつと考えられま

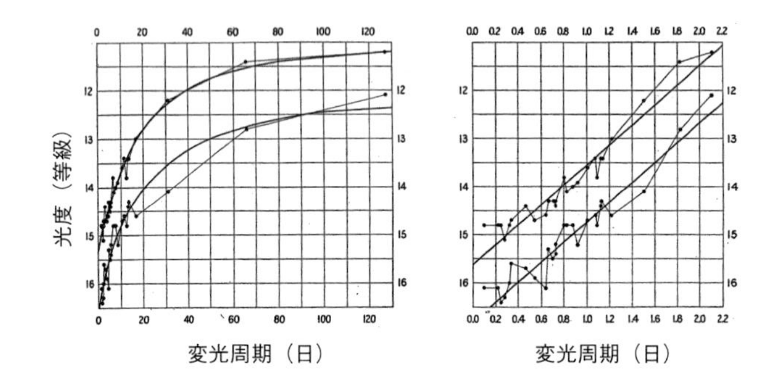

図1.16 小マゼラン星雲におけるセファイド変光星の周期と光度の関係（Pickering, 1912）

す．したがって変光星の周期がわかれば，その絶対光度がわかり，それと見かけの光度を比べることによってその星までの相対距離を求めることができます．

小マゼラン星雲に見いだされたものと同じ関係が他の星雲のセファイド変光星についても成立するとすれば，それらまでの距離も求めることができるはずです．セファイド変光星は，星雲までの距離を測るための距離指標となりました．「大論争」の討論者の1人であるシャプレーは，球状星団までの距離決定にセファイド変光星を利用し，それを銀河系の研究に適用しました．球状星団とは，その名の通り球の形に集まった恒星の集団で，その中心部では非常に高密度に恒星が集まっています．セファイド変光星が見つからない星団については，星団全体の絶対的な明るさはみな同じであると考え，見かけの明るさから距離を求めました．球状星団は，銀河系の面から離れて上下に分布しており，天の川の最も明るい部分（いて座の方向）にある点を中心として球状に分布していることがわかりました．これは，その点が銀河系の中心ということを示唆しています．シャプレーは，銀河系の直径は30万光年，その中心から太陽系までの距離は6万光年と推測しました（現在では，約3万光年程度と考えられています）．

図1.17　ウィルソン山天文台の望遠鏡（写真：Ken Spencer）

ハッブルは，1921年に，当時世界最大の反射望遠鏡を備えていたウィルソン山天文台のスタッフとなり，その口径100インチ（約2.5 m）の望遠鏡（図1.17）を用いて1923年秋から渦巻星雲にある新星の観測を始めていました．その観測の過程でアンドロメダ銀河のなかに複数のセファイド変光星を発見しました．彼は，1925年の論文「渦巻星雲におけるセファイド変光星」(Hubble, 1925）では，多くの変光星の見かけ光度と周期の数学的関係を求め，それをシャプレーの成果と比較することによって，アンドロメダ銀河までの距離を約

100万光年としました（現在では約230万光年と訂正されています）．この値は，当時考えられていた銀河系の直径である約30万光年をはるかに超えるもので，これによって多くの天文学者たちは，銀河系が1つの銀河すなわち島宇宙にほかならないと考えるようになったのです．

1.3.3 ハッブルと膨張宇宙論

ハッブルは，この後，セファイド変光星という観測対象を，アンドロメダ銀河からほかの明るい星雲へと拡張し，それらの星雲までの距離を求めることへ進みました．1929年の論文「銀河系外星雲における距離と動径速度の関係」（Hubble, 1929）では，星雲までの距離を求めるのに，セファイド変光星の周期を用いるほか，変光星の見つからない星雲に関しては，星雲のなかで一番明るい恒星の絶対光度が同じであるとして，見かけの光度から相対的な距離を求めています．その結果からハッブルは，星雲からやってくる光線の赤方偏移と星雲までの距離が比例関係にあることを導出しました．星雲からの光線のスペクトルが赤方へ偏移していることは19世紀に発見されていましたが，それと星雲までの距離との間には単純な数学的関係があることが発見されたのです．

光線のスペクトルが赤色の方へ偏移する，すなわち波長が長くなっていることの原因として最も有力なものと考えられていたのは，光源となる天体が高速度で太陽系から離れていっているということでした．これはドップラー効果と呼ばれるものです．音の場合には，音源が離れていくときには音が低く聞こえるという現象がそうです．光の場合にも，光源が高速で離れていくときには振動数が小さくなって，その色が赤色の方へずれることになります．

ドップラー効果を，ハッブルの発見した赤方偏移と距離の比例関係に適用すると，遠い星雲ほど高速度で離れつつあるということが導かれます．図1.18において，横軸は星雲までの距離（単位は100万pc（パーセク），1pcは約3.26光年），縦軸は星雲の動径速度（単位は500 km/秒）がとられています．この関係は「ハッブル・ルメートルの法則（かつては「ハッブルの法則」）」と呼ばれており，これより太陽系から遠い星雲ほど，より速い速度で遠ざかっていることがわかり，ここから宇宙は膨張していることが導かれます．

ハッブルの導いた法則は，観測結果より得られた経験的なものでしたが，当

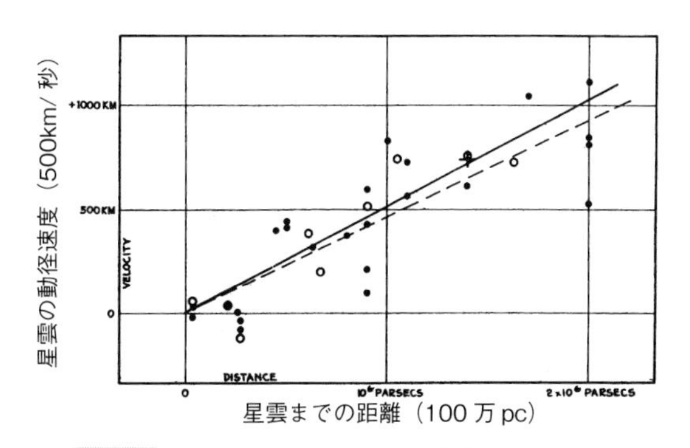

図 1.18　ハッブル・ルメートルの法則（Hubble, 1929）

時大きな問題になっていた膨張宇宙をめぐる理論的問題に決着をつけるものでした．アルバート・アインシュタイン（Albert Einstein, 1879–1955）が 1915 年に発表した一般相対性理論に基づいて膨張する宇宙というモデルが導かれており，1920 年代には，宇宙は定常的なものか，膨張しているのかということが話題になっていたのです．

アインシュタインは，1905 年に特殊相対性理論を提唱したことで知られていますが，1910 年代にはその理論を拡張し，一般相対性理論を完成させました（第 2 章参照）．彼はその理論を宇宙に適用し，独自の宇宙モデルを提示しました．一般相対性理論から導かれる重力方程式には時間に依存する項がありましたが，アインシュタインは，宇宙は定常的である，すなわち膨張や収縮をせず一定の大きさであると考えていたため，宇宙項と呼ばれる項を挿入して，時間に依存しない解が導かれるようにしていました．それに対し，ウィレム・ド・シッター（Willem de Sitter, 1872–1934）やジョルジュ=アンリ・ルメートル（Georges-Henri Lemaître, 1894–1966）らは，重力方程式に対して時間に依存する解を認め，一般相対性理論から膨張する宇宙モデルを導出していました．膨張する宇宙という考えは，宇宙には始まりがあるということを意味しており，最初はまったく頭のなかだけのもの，アインシュタインの重力方程式の 1 つの数学的解とみなされていました．しかしハッブル・ルメートルの法則によって，膨張宇宙論は現実世界にかかわるものになりました．そして，ハッブル・ルメートルの法則における，速度と距離の比例係数（ハッブル係数）を求めることによって，宇宙の年齢を推測することも可能になります．これから，宇宙の起源が物理的な問題となり，ビッグバン理論も誕生することになります（第 2 章で詳述）．

1.4 宇宙の中心をめぐって

古代から地球は宇宙の中心にあり，恒星は天球に貼りついて回転するものと考えられていました．私たちは，まさに宇宙の中心にいたのです．しかし 16 世紀に入り，太陽中心説が現れたことによって，宇宙の中心は地球から太陽に移りました．この宇宙論の変革においては，ガリレオに始まる望遠鏡を用いた天体観測によるところも大きいといえるでしょう．それまで宇宙論の問題は哲学的なものでしたが，ガリレオ以降，天体観測による経験的証拠に結びついた科学的なものになっていきます．

太陽中心説においても，地球は太陽という宇宙の中心の近くにあって，宇宙はまだ非常に小さいものでした．18 世紀に入り，反射望遠鏡によって多くの恒星や星雲が発見され，宇宙空間のなかに天体が散らばっていることが認められるようになります．宇宙の構造が問題になり，天の川は大きな星の集団であり，そのなかに太陽系が含まれているという考えが誕生しました．天の川の構造を観測結果に基づいて主張したのがハーシェルでした．太陽系は，天の川（銀河系）の中心付近にあると考えられていますが，宇宙は非常に大きくなり，太陽系は相対的に小さくなってしまっています．

1920 年の「大論争」は，宇宙の大きさと銀河系の本性をめぐるものでしたが，その結果は，銀河系が，宇宙に無数にある渦巻銀河の 1 つにすぎないということでした．この論争の決着が，セファイド変光星の周期と光度の関係という意外なところからなされたことは忘れてはならないでしょう．星雲までの距離指標の発見は，リーヴィットによるセファイド変光星についての地道な観測データの検討からなされたのでした．

膨張宇宙論の発展によって，私たちの太陽系，そして銀河系は宇宙の中心にあるかといった問いは意味をもたなくなってしまいました．太陽系は回転する銀河系の腕のなかで運動しており，さらに銀河系自体が他の銀河に対して高速で運動していると考えられています．16 世紀までの地球中心説の宇宙とはまったく異なった世界に私たちはいることになりますが，そのような宇宙論の発展において忘れてはならないのは 17 世紀以来の望遠鏡による天体観測の発展です．観測と理論が結びついて，近代における科学的宇宙論の発展を支えてきたといえるでしょう．

［本研究は JSPS 科研費 18K00256 の助成を受けたものです］

引用文献

Apeanus, Petrus: *Cosmographicum liber*, 1533.
Copernicus, Nicolas: *De revolutionibus orbium coelestium*, 1543.
Galilei, Galileo: *Sidereus nuncius*, 1610.
Galilei, Galileo: *Istoria e dimostrazioni intorno alle macchie solari*, 1613.
Galilei, Galileo: *Il saggiatore*, 1623.
Galilei, Galileo: *Dialogo sopra i due massimi sistemi del mondo*, 1632.
Herschel, William: Account of some observations tending to investigate the construction of the heavens. *Philosophical Transactions of the Royal Society of London*, **74**: 437–451, 1784.
Herschel, William: On the construction of the heavens. *Philosophical Transactions of the Royal Society of London*, **75**: 213–266, 1785.
Herschel, William: Astronomical observations relating to the construction of the heavens. *Philosophical Transactions of the Royal Society of London*, **101**: 269–336, 1811.
Herschel, William: Description of a forty-feet reflecting telescope. *Philosophical Transactions of the Royal Society of London*, **85**: 347–409, 1795.
Hubble, Edwin: Cepheids in spiral nebulae. *The Observatory*, **48**: 139–142, 1925.
Hubble, Edwin: A relation between distance and radical velocity among extra-galactic nebulae. *PNAS*, **15**: 168–173, 1929.
Huygens, Christiaan: Astroscopia compendiaria tubi optici molimine liberata. Or the description of an aerial telescope. *Philosophical Transactions of the Royal Society of London*, **14**: 668–670, 1684.
Leavitt, Henrietta Swan: 1777 variables in the Magellanic clouds. *Annals of Harvard College Observatory*, **60**: 87–110, 1908.
Newton, Isaac: *Principia mathematica philosophiae naturalis*, 1687.
Pickering, Edward: Periods of 25 variable stars in the small Magellanic cloud. *Harvard College Observatory Circular*, **173**: 1–3, 1912.
著者はピッカリングとなっていますが，冒頭で，その内容はリーヴィットによることが記されています．
Shapley, Harlow and Heber Doust Curtis: The scale of the universe. *Bulletin of the National Research Council*, **2** : 171–217, 1921.
Third Earl of Rosse: Observations on the nebulae. *Philosophical Transactions of the Royal Society of London*, **140**: 499–514, 1850.

Wright, Thomas: *An original theory or new hypothesis of the universe*, 1750.

参考文献：初心者向け

家　正則：ハッブル　宇宙を広げた男，岩波ジュニア新書，2016.
「ハッブル・ルメートルの法則」で知られるハッブルの生涯と業績を簡潔にまとめています.
グリビン，ジョン（著），岡村定矩（訳）：銀河と宇宙，丸善出版，2013.
銀河という考えの発展を中心に，20 世紀天文学の発展をまとめています.
桜井邦明：天文学をつくった巨人たち―宇宙像の革新史，中公新書，2011.
ガリレオから 20 世紀までの代表的な天文学者をとりあげています.
ホスキン，マイケル（著），中村　士（訳）：西洋天文学史，丸善出版，2013.
小品ですが，西洋における天文学の歴史がコンパクトにまとめられています.
若松謙一・渡部潤一：みんなで見ようガリレオの宇宙，岩波ジュニア新書，1996.
ガリレオ天体観測を導きとして，天文学の基礎をわかりやすく解説しています.

参考文献：中・上級者向け

伊藤和行：ガリレオ―望遠鏡が発見した宇宙，中公新書，2013.
ガリレオの生涯と活動について，望遠鏡による天体観測に焦点をあてたどっています.
科学朝日編：天文学の 20 世紀，朝日選書，1999.
20 世紀の天文学の発展がまとめられています.
クラーウ，ヘリェ（著），竹内　努ほか（訳）：人は宇宙をどのように考えてきたか―神話から加速膨張宇宙にいたる宇宙論の物語，共立出版，2015.
古代から現代までの宇宙論の歴史をまとめた，日本語で読める最良の書です（専門書です）.
ジョンソン，ジョージ（著），渡辺　伸（監修），槇原　凜（訳）：リーヴィット―宇宙を測る方法，WAVE 出版，2007.
セファイド変光星の周期と光度の関係を発見したリーヴィットの伝記ですが，その時代の天文学の状況が詳述されています.
Hoskin, Michael ed.: *The Cambridge Illustrated History of Astronomy*, Cambridge University Press, 1997.
英語ですが，非常に多くの図版が掲載されていて，内容も信頼できるものです.

chapter 2

宇 宙 論

田中貴浩

一般相対性理論に基づく宇宙論はビッグバン宇宙という標準宇宙モデルを確立し，さらにそれ以前の宇宙においてインフレーションと呼ばれる現象が起こり，現在の宇宙の構造を形成する種が用意されたことが証明されつつあります．本章では，このような宇宙論の進展の歴史を紹介します．

2.1 「宇宙の果て」とは

「宇宙の果て」がどうなっているのかは，多くの方にとって興味があることだと思います．果てというからには，見えるかどうかの境の話です．あるいは，見えない先の世界がどうなっているかを考える話でもあります．そういう話が学問として成立するのかしらと疑問に思われるかもしれませんが，立派に科学になってきています．そういった話を，最近の観測などを交えて紹介したいと思います．

「宇宙の果て」に加えて，「宇宙の始まり」についても疑問を抱かれたことがあるかと思います．「宇宙の果て」への問いは「宇宙の始まり」に対する問いでもあります．今からそれらの謎に迫ろうというわけですが，たとえ「始まり」が説明できても，「その「始まり」の以前はどうだったのか」という新たな疑問がわきます．ゆえに，物理の探求は終わらないのです．その意味で，最終的な答えのない問題に私たちは挑んでいるのかもしれません．しかし，宇宙を研究する研究者は，この世の成り立ちを記述する方法，すなわち，物理をきちんと理解できたならば，「宇宙の始まり」が解き明かされると信じて，議論を積み上げている途上です．

「宇宙の果て」の話をするには，一般相対性理論を抜きに語ることはできません．大学では一般相対性理論の基礎について十数回にわたり講義を行います．それでも，十分ではないかもしれません．それを本章ではまず説明しなければなりません．一般相対性理論に加えてアインシュタインが提唱した，もう1つの相対性理論——特殊相対性理論——があります．特殊相対性理論は，より一般に物理学の基礎となる理論です．この基礎の上に構築された「重力の理論」が一般相対性理論です．

特殊相対性理論は，「光速度不変の原理」を出発点にして構築されます．「光速度不変の原理」とは，どのような速度で運動する観測者から見ても真空中の光の伝播速度は一定であるという原理です．この原理は日常感覚からすると，信じがたいことを主張します．光の速度を地上で測ると，30万km/秒になることを私たちは知っています．したがって，たとえば，10万km/秒で飛んでいる宇宙船から前方に放出された光の速度を，止まっている私たちが観測すれば，10万km/秒 + 30万km/秒 = 40万km/秒になると予想します．しかし，じつはそうはなりません．その場合でも，私たちが測る速度は30万km/秒になるのです．これは紛れもない実験事実ですが，小学生でも知っているような速度の足し算が成り立たないといっています．これは日常感覚と大きく矛盾しています．そのような矛盾を感じると，大抵の人は，「こんな馬鹿げた話はまったく理解できない」と拒否したくなるものです．それは光速に比べて非常にゆっくりとしか運動していない物体についての日常経験では，速度の足し算がいつでも成り立つと知っているからで，そういう感情をもつのは仕方のないことです．すでに知っていることを出発点に，別のことが説明できたとき，人は理解できたと感じるものですが，特殊相対性理論の場合にはそうはいきません．とにかく，「光速度不変」は原理なのであって，その正しさは実験で確かめられた事実なのです．

また，光速は，あらゆるものが伝播できる速さの限界であるといえます．時間と空間を図2.1のように描いてみます．縦軸が時間座標で上方向が未来，下方向が過去です．残りの方向が空間座標を表します．原点から伸びる上側の円錐内の領域は，原点から光速度以下で到達できる領域です．原点を出発したいかなる光も物質もこの円錐の外側に到達できません．このように時間–空間のなかに到達可能な領域と不可能な領域の境界があり，光はその境界上を伝播し

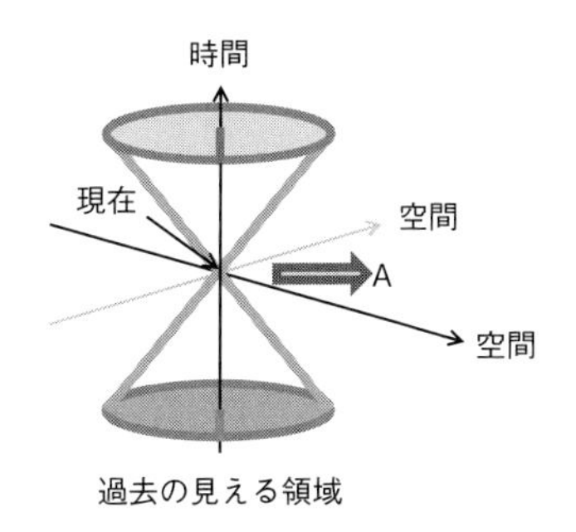

図 2.1　時空図
円錐に沿って光は伝播します．

ます．

この原理を出発点に特殊相対性理論は構成され，今日の素粒子物理学の基礎をなしています．特殊相対性理論が成り立たないような実験例は，これまでに1つもありません．もちろん，この原理のわずかな破れが将来発見される可能性はあります．実際，これまでにも，破れが実験的に発見されたという報告はありましたが，後に実験の誤りが発見され，破れの存在は否定されてきました．

「光速度不変の原理」の結果，遠くの宇宙を観測すると，必然的に宇宙の過去を見ることになります．実際，私たちが宇宙を観測する手段の多くは光ですから，逆に過去の宇宙を見ようとすると，遠くの宇宙を見なければならないという話にもなります．図 2.1 に戻ると，私たちが光で観測できる宇宙は，下側の円錐上に限られます．

「宇宙の果て」を考えるとき，「現在と同じ時刻の遠く離れた地点がどうなっているのだろうか」という具合に，私たちは図 2.1 中の矢印 A の方向をイメージしがちです．しかしながら，その領域は私たちにとって観測不可能な領域です．私たちが見ることができるのは下側の円錐上の過去の宇宙です．この過去の宇宙を見ることによって，矢印 A の方向で何が起こっているかを想像するしかありません．したがって，見える宇宙の果てはどこかというと，この円錐上のいたるところだということになります．どう頑張ってもこれより遠方を見ることはできません．そう居直ってしまえば，「私たちが観測している星空はすべて宇宙の果てである」といえます．しかし，これはおそらく詭弁（きべん）でしょう．やはり，この円錐に沿ったずっと遠い過去，はるか遠方を指して「宇宙の果て」と呼ぶのがふさわしいでしょう．

2.2 定常な宇宙は可能か

宇宙がどのようなものであるかを考える学問が宇宙論です．古くは，宇宙は定常であると考えられていました．すなわち，宇宙は現在の姿のままに，過去も未来も同じようにあり続ける．そのような考え方は非常に安定感をもった世界観を私たちに与えてくれます．宇宙がいつ生まれたのかという疑問や，将来なくなってしまうのではないかという不安から解き放たれて，未来永劫宇宙が続くという調和のとれた考えが主流であったとしても不思議はありません．

しかし，物理学の問題として考えたとき，宇宙が定常な状態であり続けることは可能でしょうか．定常というのは，互いの間の距離が一定のまま，近づきもせず，遠ざかりもしない状況です．私たちのまわりにはたくさんの星があり，それらの星が集まって銀河をつくっています．その銀河の外には，同じような銀河が多数存在しています．それらの銀河が互いに一定の距離を保つことができるのかどうかという問いです．

物体が存在すると万有引力がはたらき，互いに引き合います．地上に生きている私たちは，地球の重力によって，地球の中心へと引き寄せられています．物体の落下とはそういうことです．何か周囲に物体がある限り，互いに引き合うのであれば，ずっと同じ位置にとどまり続けることは不可能に思われますが，それほど話は簡単ではありません．

図2.2 (a) を見てください．中心Oが私たちだと思いましょう．まわりにたくさん銀河があります．銀河はそれぞれに自分の方へと私たちを引っ張りますが，私たちは四方八方から同じように引っ張られていれば，同じ場所にとどまり続けられそうな気がしてきます．

一方，ニュートンの万有引力の法則では，図2.2 (b) のように球殻を並べたときにはたらく重力を考えると，観測者より内側の球殻の質量がすべての中心にあると考え，外側の球殻からの重力をすべて無視したときの重力と一致することが知られています．このような状況で受ける重力は，中心方向を向き，中心からの距離に依存します．しかし，一様な宇宙を考えると，どこを中心と考えるかによって，力の向きも大きさも異なるという悩ましい事態になります．

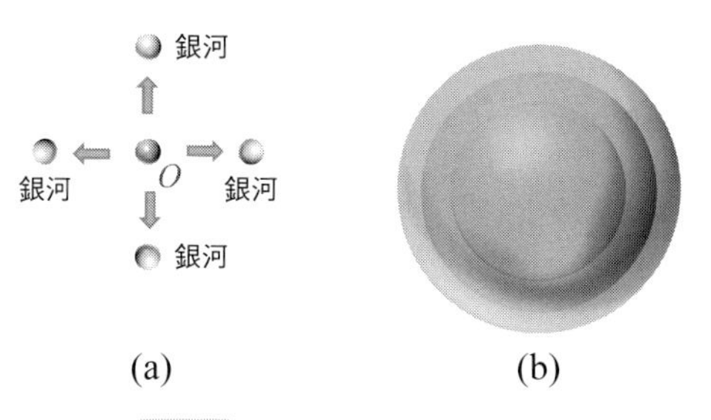

図 2.2　無限の宇宙における重力
ニュートンの万有引力の法則に従うとしたとき，等方な宇宙で引力ははたらくのかどうか．(a) では周囲の銀河が私たちを引く力はつりあって力は打ち消し合っているように思われます．一方で，(b) のように球殻の集まりだと考えると，各球殻は内側にある物質からの引力のみを感じることが知られており，中心に引き寄せられると推察されます．

太陽系において，太陽が地球に及ぼす力や，地球が月に及ぼす力，あるいは，地球上での重力を考えるとき，ニュートンの万有引力の法則は，ほぼすべての観測される現象をうまく記述します．しかし，「一様に物質が分布しているときに，重力がどうはたらくのか」という素朴な問いに対してさえ，何が正しい答えかは明らかではありません．これは宇宙が無限に広がっていることに付随して現れる無限大をどう扱うかという類の問題であり，考え方によって答えが異なります．それでは，どう解決すればよいのかというと，ここで一般相対性理論の登場となります．

2.3 一般相対性理論とは

一般相対性理論が提唱されたのは 1915 年のことです．これにより，ニュートン重力で答えられなかった先ほどの問題に対しても，答えを出すことができるようになりました．

一般相対性理論の出発点になっているのは，「等価原理」です．ふたたび「原理」の登場ですが，こちらは聞いたことがあるかもしれません．等価原理は，「真空中で，材質も重さも異なる 2 つの物体を同時に落下させると，落下の速度は同じになる」ということを主張します．この原理はニュートン重力の枠組みのなかにも存在します．しかし，ニュートン重力では，なぜ等価原理が成り立つかの説明はなく，単に不思議な要請にすぎません．2つの物体間にはそれぞれの「質量」に比例した重力がはたらきます．一方で，重力を受けた物体が受ける加速度は重力をその物体の「質量」で割ったものになります．ここで2回，「質量」という言葉が現れましたが，前者は重力質量，後者は慣性質量と，本来区別されるべきものです．この2種類の質量が等しいことが重力の顕著な特徴です．こんな関係が成り立つのは重力だけです．たとえば，電気の力の場合には2つの電荷をもった物体の間にはたらく力はそれぞれの電荷の大きさに比例します．加速度は力をその物体の慣性質量で割ったものになります．その結果，電荷をもった物体は加速されますが，中性のものはまったく加速を受けません．それに対して，重力の場合は，すべての物体が必ず同じように加速されます．

図2.3のように，重力による落下という現象全体を，一緒に落下する小さな箱のなかに閉じ込められた観測者が見るとどうなるでしょう．この観測者から一緒に落下している物体を見ると，単にふわふわと浮かんでいるだけです．いわゆる，無重力状態です．すなわち，一緒になって落下している観測者から見ると，重力という力が何もはたらいていないように見えます．この状態を外から見ると，すべてのものが一緒になって落ちているように見えます．したがって，等価原理がいっていることは，重力は小さな箱のなかだけを考える限り，その力を消し去ることができるということです．この点が等価原理の真意であると，アインシュタインは見抜いたわけです．

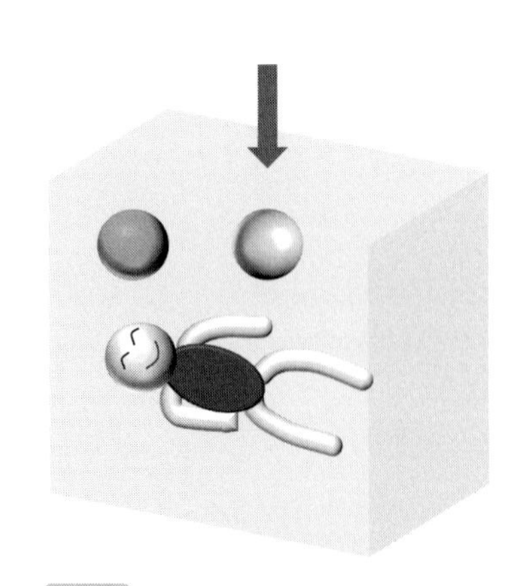

図2.3 アインシュタインのエレベータ
自由落下する小さな箱のなかでは，観測される物体も，観測者自身も無重力状態でふわふわと浮かんでいます．つまり，局所的には重力がはたらいていないように見えるということです．

これを見抜いたことにどのような意味があるでしょうか．重力という力はたしかにあると私たちは感じていますが，あると思うかどうかは本当のところ観測者次第だというわけです．それでは，「どうやってそんな力を記述するのか」という疑問がわくと思います．重力以外の力を議論する際には，「力の有無は観測者次第」というような禅問答のようなことをいう必要はありません．ところが，重力の場合は，まったく重力の力がはたらいていないように見える観測者がいつでも存在します．

そうはいうものの，重力が消えて見えるのは小さな箱のなかに限っての話です．広がりをもった領域を考えると，重力は消せません．たとえば，地球上のさまざまな地点から地球の中心に向かって，何にも妨げられずに落下する複数の物体を仮想的に考えてみましょう．これらの物体が静止した状態から同時に落下を開始したとすれば，理想的にはやがて地球の中心で衝突します．本当に何も力がはたらかないならば，互いの距離は一定に保たれるはずですから，たしかに力ははたらいたといえます．すなわち，重力は存在するということになります．

等価原理を自然に満足しつつ，重力をうまく表す方法はないかというのが一般相対性理論の着想です．「小さな箱のなかだけを考えると消せるが，広い領域を考えると消すことができない」という重力の性質を実現するには，時空が曲がっていて，重力以外の力がはたらかないとき，「物体は曲がった時空上を単にまっすぐに運動する」と考えるのがうまい考え方です．

曲がった時空と書きましたが，時空が曲がっている様子を想像することは困難です．そこで，代わりに曲がった空間を考えましょう．私たちは縦横高さの3つの方向をもつ3次元空間に住んでいます．私たちのまわりの3次元空間はほとんど曲がっていないため，ゆがみを日常生活のなかで感じることはありません．そのため，3次元空間が曲がっているということも想像するのは困難です．ですので，曲がった2次元面を考えましょう．たとえば，図2.4のような球面を考えます．赤道面上を出発点として3つの点が赤道面に垂直な方向に動き始めたとします．3つの点は最初，平行に動き出しますが，球面上をまっすぐ進み続けると，いずれ北極で交わることになります．3次元空間に住んでいる私たちは，この様子を俯瞰しているため不思議だとは感じないでしょう．しかし，球面の表面にへばりついて生きている2次元の住人の立場で考えると不思議です．2次元の住人は表面から離れる方向の存在をまったく認識することができないという設定です．つまり，2次元の住人にとっては球面表面が世界

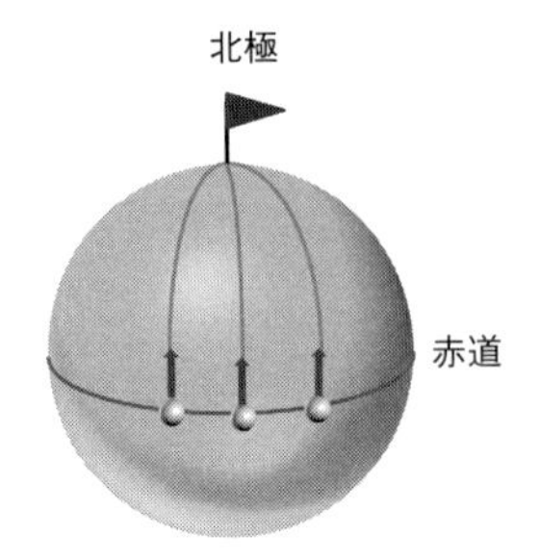

図 2.4　2 次元球面上の直進
曲がった空間の例として，球面を考えましょう．球面の上を直進すると，互いに平行に出発しても，やがて交わることになります．この様子は，空間が曲がっていることを認識しない観測者にとっては，力がはたらいたかのように見えるでしょう．

のすべてです．彼らにとって，3 つの点は最初互いに平行に進んでいて，その後も直進を続けていたはずですが，いつの間にか交差してしまっています．この状況を見た 2 次元の住人は 3 つの点の間に，あたかも引力がはたらいているように感じるかもしれません．

もちろん，一般相対性理論においては，単に空間が曲がっているのではなくて，時間と空間を一体にした時空が曲がっているという点で大きく異なっています．そのため，物体の運動は重力の影響を大きく受けているにもかかわらず，空間の曲がりを私たちはほとんど感じないという不思議なことが起こります．時間もあわせて曲がっているというのが，直感的に理解しがたいところです．

等価原理を尊重するならば，重力理論はどういうものになるべきでしょう．ニュートンの万有引力の法則は，物体間には互いの距離に応じて力がはたらくという法則でした．これに代わって，一般相対性理論では時空の曲がりを決めなければなりません．時空の曲がりさえ決まれば，その時空中を運動する物体の運動が決まります．したがって，物体が存在するとき，時空がどう曲がるかを決める方程式が，一般相対性理論の基礎方程式になります．これがアインシュタイン方程式です．アインシュタイン方程式は

$$G_{\mu\nu} = T_{\mu\nu}$$

という式で，これを唱えられれば，一般相対性理論の基礎を一応知っているような顔ができる念仏のような式です．しかし，この式が何を意味するのかを説明し始めると話が長くなります．話を非常に単純化すると，この方程式の左辺が時空の曲がり方を表している量，右辺が物質のエネルギー，速度，圧力などを表している量で，それらを等号で結びつけた式です．

もちろん，時空がわずかしか曲がっていない場合には，私たちが知っている

ニュートンの万有引力の法則を再現します．この方程式のもう1つのおもしろい特徴は，どういう観測者が物理法則を書き表したとしても，形式的には同じ形に書けるという点です．普通，運動の法則は慣性系という座標系を用いて書かれています．慣性系というのはまったく力のはたらかない観測者を基準とした座標系です．つまり，非常に特別な座標系を用いて物理法則は書かれています．それに対して，上記のアインシュタイン方程式は，どのような時間-空間の座標を用いても物理法則が同じ形に書けるという美しさをもっています．

2.4 一般相対論的宇宙論―膨張する宇宙

宇宙論に話を戻しましょう．議論の足場として，一様等方性の仮定を置きましょう．「一様」というのは，私たちから遠く離れた遠方でも，宇宙は同じようなものであることを意味します．もちろん，宇宙にはさまざまな構造があり，まったく同じではありえませんが，少し大きな空間スケールで平均化すると，特別な場所はないという意味です．「等方」というのは，特別な方向がない，すなわち，どちらの方向も同じように見えるということです．

ニュートンの万有引力の法則のもとでは，一様等方で定常な宇宙も可能かもしれないという話をしました．しかし，アインシュタイン方程式を一様等方の仮定のもとに書き下すと，ニュートンの万有引力の法則で一様球殻の集まりとして考えた場合に，非常に近い方程式が得られます．半径 r の球殻の運動を考えましょう．球殻の質量を m，球殻内部の質量を M，球殻の加速度を a として，球殻の運動方程式をニュートン重力で書き下すと，

$$ma = -\frac{GMm}{r^2}$$

となります．すなわち，一様な宇宙では重力により収縮しようとする力がはたらくため，加速度を0にはできません．したがって，速度0の定常な状態にとどまる解は存在しないことがわかります．

上の方程式からは，球殻の運動エネルギーと重力のポテンシャルエネルギーの総和が保存するという，エネルギー保存則

$$\frac{mv^2}{2} - \frac{GMm}{r} = 一定$$

が導かれます．球殻内部の質量は一様密度であると仮定すると $M = (4\pi/3)\rho r^3$ で与えられます．これを代入すると，K を定数として，

$$\left(\frac{v}{r}\right)^2 = 8\pi G\rho - K\frac{r_0^2}{r^2} \quad (1)$$

と書き換えられます．ここで r_0 は初期時刻における r の値です．この方程式の左辺は球殻の膨張率の2乗を表しています．ここで，r や r_0 をたとえば2倍にしても，膨張率が同じでないと一様性を保つことができません．そのため，右辺第2項は r_0/r の形でしか r に依存しないように定数を選びました．この方程式はアインシュタイン方程式から一様等方性を仮定して得られる方程式であるフリードマン方程式と同じ形をしています．

アインシュタインは一様等方宇宙の解として定常解をつくろうとして，宇宙項なる項をアインシュタイン方程式に付け加えました．これは，(1)式に定数を加えることに対応します．手で方程式を変更してしまったわけですが，そのようなことを考えるには十分な根拠がありました．宇宙項を加えたとしても，アインシュタイン方程式が座標系の選び方に依存しないという要請を満足するという顕著な性質をもっていたからです．この定数を加えたとき，宇宙が適当な平均密度をもてば力がつりあって，定常な宇宙がつくれます．

後にアインシュタインは，実際の宇宙には宇宙項は存在しないと考え，宇宙項を導入したことを「人生最大の失敗」と語っていますが，後述のように，現在の宇宙にはじつは宇宙項が存在するという話になってきています．

上記の方程式から読み取ることがで

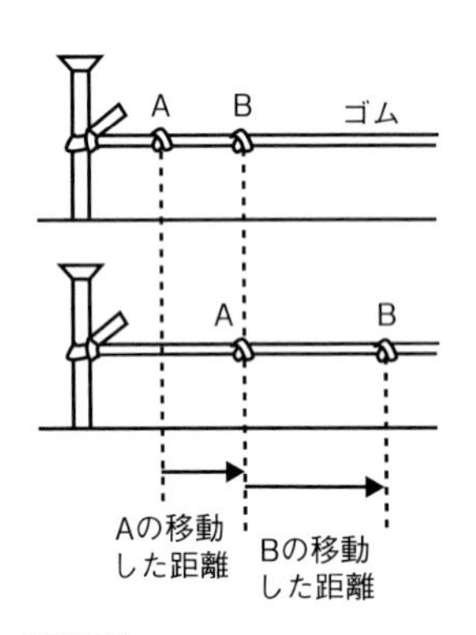

図 2.5 ゴムひもと膨張宇宙
一様に膨張する宇宙と似た状況として，ゴムひもを引き伸ばす過程を考えます．A の結び目とBの結び目では移動した距離が異なりますが，その移動距離は A,B と釘の間の距離に比例しています．つまり，遠くのものほど移動速度が速いことになります．

きるもう1点は，v が r に比例することです．つまり，銀河までの距離に比例して遠くの銀河ほど速く遠ざかるということです．この関係をハッブル・ルメートルの法則と呼びます．

ハッブル・ルメートルの法則は，とくに数式を使わなくても，一様等方性から直感的に理解することができます．そのために図2.5に示したような釘に結びつけられたゴムひもを考えましょう．ゴムひもには結び目があり，結び目の間隔は等距離になっています．このゴムひもを引っ張ると，一様に引き伸ばされます．そのときに，Aの結び目が移動した距離に対して，Bが移動した距離は2倍になります．つまり，2倍遠くにある結び目は2倍たくさん移動しています．移動距離を時間で割れば速度ですから，距離と速度の間に比例関係があるといえます．一様等方の膨張宇宙解を考えると，上の一様に伸びるゴムひもの場合と同様に距離と速度の間に比例関係が得られます．

距離と速度の関係といいますが，距離を測るのはそう簡単ではありません．星の集まりである銀河は，私たちの太陽系を含む天の川銀河以外にも宇宙に無数に存在しています．これらの銀河までの距離を，直接ものさしをあてて測るわけにはいきません．当時は，銀河の見かけの大きさを計測して，遠くのものは小さく見えることから「この大きさに見えるから，この程度の距離だろう」

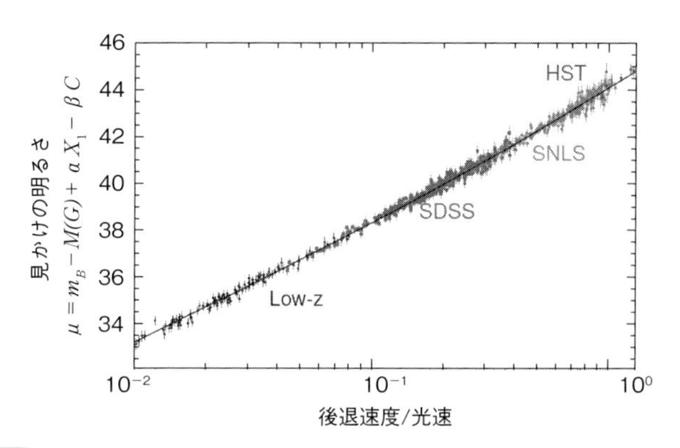

図2.6 私たちから遠ざかる速度と見かけの明るさの関係（Betoule *et al.*, 2014）
見かけの明るさは距離の2乗に反比例すると考えると，この図はハッブル・ルメートルの法則を表していると考えられます．縦軸も横軸もlogスケールになっており，縦軸の5目盛りが距離にして10倍に対応しています．

といった，誤差の大きな距離の決定法に頼るしかありませんでした．

一方，速度を測るにはドップラー効果を利用することができます．近づいてくる救急車のサイレンの音は高く聞こえます．逆に，遠ざかる際には低くなります．光にも同じ効果があります．さらに，それぞれの原子には輝線や吸収線といった，特定の周波数をもった光を放出したり吸収したりする性質があります．観測から輝線や吸収線を同定し，ドップラー効果の大きさを調べることで，速度を見積もることができます（第1章参照）．現在では，図2.6に示すようにIa型超新星の明るさから距離を決定する方法を用いて，非常に精度よく距離が決定できるようになっています．

2.5 ビッグバン宇宙

現在の宇宙は膨張しているということが観測から明らかになってきました．このことが紛れもない事実であることが，ひとたび確定すると，今度は，現在の宇宙を過去にさかのぼったとき，どのような宇宙が存在したかが疑問になります．過去にさかのぼると，宇宙の大きさは小さくなるため，密度が上昇します．膨張宇宙を，時間を逆回しにして見ると収縮宇宙になります．収縮すると密度が上がります．すなわち，非常に高温高密度の状態が宇宙初期に実現されていたと考えられます．そのような初期条件から宇宙膨張を開始すると，以下に説明するように，周期律表の最初の方に出てくる水素，重水素，ヘリウム，リチウムなどの軽い元素の合成がうまく説明できます．さらに，軽い元素の合成をうまく説明できるようにモデルをつくると，マイクロ波宇宙背景放射の存在が予想されます．宇宙背景放射は，宇宙のあらゆる方向から等方的にやってくる微弱な電波のことです．実際に，このマイクロ波宇宙背景放射が観測されたことにより，ビッグバン宇宙のシナリオの正しさが確認されました．

宇宙初期における軽い元素の合成について，少し詳しく見ておきましょう．宇宙が高温・高密度の状態から始まったとすると，宇宙の初期条件がリセットされてしまいます．高温・高密度では，すべての過去の履歴を忘れてしまうということです．ここでいっているリセットというのは，原子核を構成している陽子や中性子，そのまわりを回っている電子が束縛されずに，単体で飛び回っている状態になることです．飛び回るうちに，最初にどこにいたかといった情報は，よくわからなくなってしまいます．

そのような状態から宇宙が膨張していくと，徐々に宇宙は冷えていきます．冷えると，陽子や中性子が寄り集まって結合し，軽元素が合成されます．ここで1つのパラメータをうまく調整してやると，周期律表の最初の方に出てくる軽い元素について，観測されている量がうまく説明できます．そのパラメータは，平均的な陽子・中性子の数密度と，光子の数密度の比です．光は光子という粒子の集団と考えることができます．電灯をつけると光のないところから光が発生することからわかるように光子の数は増減しますが，宇宙の歴史のなかで，光子数の増減は無視できるほど小さいと考えることができます．したがって，この数密度の比は今日までおおよそ変化していません．軽元素合成をうまく説明するには，この比をおよそ6×10^{-10}といった非常に小さな値に選ぶ必要があります．光子に比べて陽子・中性子はほんのわずかしか存在していないことを意味しています．つまり，「光に満ちた世界だとうまくいく」のです．最初に，初期条件が完全にリセットされると書きましたが，この比は高温・高密度になってもリセットされずに一定に保たれます．つまり，リセットされない量も存在するということです．高温・高密度では陽子，中性子，電子がばらばらになりますが，その総量は変化しないために，この比は変わりません．このリセットされない量をうまく調整すれば，観測される軽元素の割合が説明できます．

ひとたび，物質と光の比が決まると，宇宙に存在する物質の密度から光子の密度も推測できます．私たちの宇宙における銀河の密度と，それぞれの銀河に含まれる星の数から，宇宙に存在する物質の総量が見積もられます．この見積もりを用いると，宇宙に満ちている光の量が推定できます．このようにして，軽元素の合成がうまくいくために必要な光の量が推定され，マイクロ波宇宙背景放射の存在を予言することになりました．

この宇宙背景放射は理論的に予言されてほどなくペンジアスとウィルソンによって偶然にも発見されました（Penzias and Wilson, 1965）．宇宙背景放射は宇宙初期の元素合成の頃から存在していた光の名残です．軽元素合成は宇宙のあらゆる場所で一様に起こったと考えられます．したがって，現在，この残光を観測するとあらゆる方向から同じようにやってくることが期待されます．1992 年，COBE 衛星によって，このマイクロ波宇宙背景放射の絶対温度が 2.725 度であることが突きとめられました．天球上での温度分布は非常に等方的で，光子のエネルギー分布も見事に理論予測と一致し，初期条件がリセットされたという考え方を完全に支持するものでした．等方的とはいうものの，厳密には見る方向によって温度はゆらぎをもっています．そのゆらぎの振幅は 0.001％程度という非常に小さいものでした．

宇宙が高温・高密度のリセットされた状態から始まったとするビッグバン宇宙モデルはすばらしい成功を収め，標準宇宙論の基礎と考えられています．私たちは宇宙の果てを見ようとしていましたが，結局，宇宙初期を直接見たわけではありません．軽元素合成の理論を介して間接的に宇宙初期に何が起こったのかを探りあてたのです．軽元素合成を説明するためにマイクロ波宇宙背景放射の存在が予言され，その背景放射が実際に予言どおりに観測されたという話の流れです．

「この背景放射はどこからきたのか」と突き詰めて問われると，宇宙初期からやってきたというのも 1 つの答えです．しかし，実際，軽元素合成が起こった宇宙初期を直接見ているわけではないことを強調しておきましょう．私たちが現在観測している光は，軽元素合成の後も何度も散乱などを繰り返しています．宇宙の温度が十分に下がった後に，ようやく光は散乱されなくなり，私たちのところまで直進できるようになります．この状況はすりガラス越しにその先の遠方の景色を眺めている状況に似ています．確かに遠方からきた光が散乱されたものを見ていますが，どんな景色かはさっぱりわからないという状況です．すりガラスに対応する時刻，すなわち，私たちが実際に見ることができる最も古い過去は，軽元素が合成された時期に比べると，ずっと最近のことです．直接観測できるのは最近の宇宙ですが，宇宙初期に何が起こったかを検証できたというのがおもしろいところです．

ビッグバン宇宙モデルは，火の玉宇宙などと表現されることもあります．そのため，高温・高密度の火の玉があって，バンと爆発したようなイメージを抱きがちですが，そのイメージは正確ではありません．ビッグバン宇宙モデルというのは，高温・高密度の一様等方な宇宙全体が徐々に冷えて，密度が下がっていく過程のことを指します．したがって，爆発する火の玉から想起されるような火の玉の表面はどこにも存在しません．

2.6 宇宙論的諸問題

ビッグバン宇宙モデルは確立したとして，それ以前はどうなっていたのかが知りたくなります．ビッグバン自体も直接見ることができなかったのに，さらにその前を調べるのは相当に難しい話になりそうです．無理だとあきらめてしまいそうなところですが，あきらめなかった人たちがいます．

ビッグバン宇宙モデルには十分な証拠があり，私たちはこのモデルの正しさについて非常に強い確信を得ています．この確信は，私たちの宇宙が物理法則に従っているということが繰り返し確かめられてきたことによっています．私たちの宇宙では，物理法則で予測されるように物事が進行するので，直接観測できないものに対しても確信をもつことができるのです．このアプローチがビッグバン宇宙モデルでは成功しました．そのような成功は続くだろうと信じて研究を進めた結果，インフレーション宇宙という考え方が新たな仮説として提唱されました．提案された当時は仮説にすぎませんでしたが，この仮説が現在では徐々に確かめられつつあります．

まず，ビッグバン宇宙モデルより先に宇宙をさかのぼるためには，何かヒントが必要です．ヒントは，ビッグバン以前を考えたとき，宇宙論的諸問題といわれる，いろいろな問題があり，これらを自然に解決するメカニズムが必要ではないかという疑問でした．

宇宙論的諸問題として，まず，一様性問題があげられます．図 2.7 のような時空の図を描いてみます．縦軸が時間，その他の方向が空間を表しています．観測者にとって光が到達可能な範囲が，この図においては 45 度の円錐内部になるように絵が描かれています．先ほど述べたように，マイクロ波宇宙背景放射が最後に散乱された時刻が決まっています．この時刻以前では，光は頻繁に散乱されていますが，この時刻以後では，密度が薄くなって，光はほとんど散乱されることなくまっすぐに私たちのもとに届きます．

私たちが観測しているマイクロ波宇宙背景放射は，45 度の円錐と最終散乱

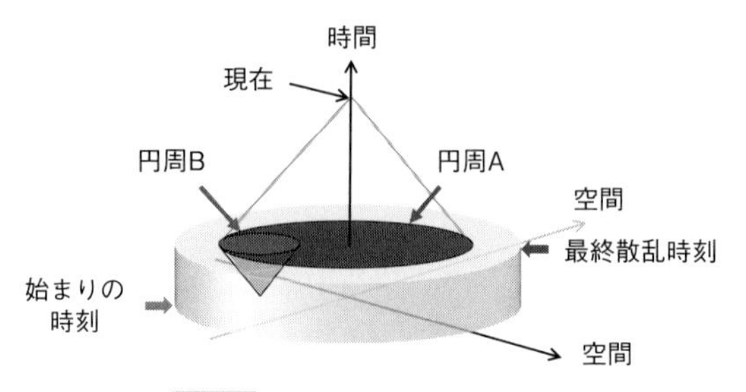

図 2.7 ビッグバン宇宙の模式図

この図では光の伝播する経路が 45 度になるように描いています．密度が発散する宇宙の始まりの時刻は有限の過去にあります．半透明の領域は光が散乱されて直進できない領域を表しています．私たちが観測している宇宙背景放射は円周 A に対応しています．宇宙の始まりにある 1 点から出た光がどこまで到達できるかを表したのが円周 B で，円周 A より小さくなっています．つまり，始まりの時刻から，最終散乱時刻までの間に光でさえも円周 A の端から端までは伝わることができないことになります．したがって，一様化が起こる何らかのメカニズムが存在したとは考えにくいと推論されます．

時刻の交わった円周（円周 A）上からやってきます．この図では空間を 2 次元として描いているので円周ですが，実際には球面です．この球面が観測される天球面に対応します．

通常の物質を考え，一般相対性理論に基づいて時間をさかのぼると，この図のなかで時間の始まりが存在してしまいます．時間の始まりとは，そこで宇宙の密度が無限大に発散してしまう時刻のことです．この始まりの時刻にある 1 点から光を四方に飛ばしたとき，最終散乱時刻との交わり（円周 B）は先ほどの円（円周 A）よりも随分と小さな円になります．このことは，天球面上の異なる方向からやってくるマイクロ波宇宙背景放射が最終散乱時刻に放射された当時，互いに連絡を取り合うことが不可能だったことを意味します．にもかかわらず，天球上の異なる方向からやってくるマイクロ波宇宙背景放射は 0.001％の精度で一様です．そこで，なぜ宇宙のマイクロ波宇宙背景放射が一様なのかと考えると，少し不思議ではないでしょうか．「宇宙の始まりの時刻に一様に宇宙が生まれただけではないか」と思うかもしれません．しかし，はっきりしたことはいえないけれど，そんなことが起こる理由もないのではないかと思ったわけです．

宇宙論的諸問題には，平坦性問題というものもあります．一般相対性理論に

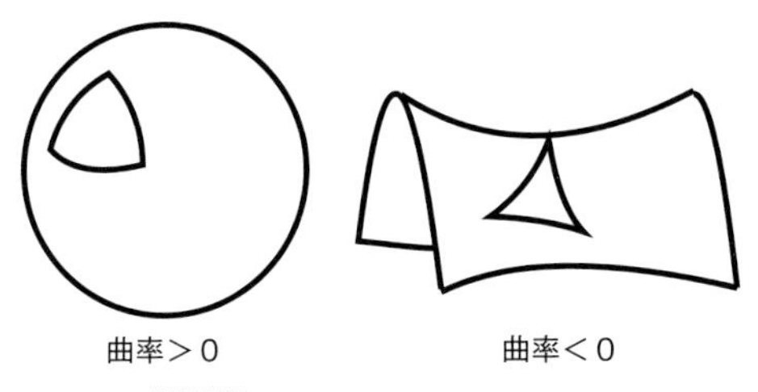

図 2.8 曲がった空間上の三角形
一様等方な空間は平坦な空間だけではなく，曲率をもつことが可能．曲率が正の場合はよく知られた球面であり，たしかに一様であることが直感的にわかると思います．曲率が負の空間は双極空間と呼ばれます．これらの曲面の上に三角形を描くと，曲率が正の場合には内角の和が 180 度以上になり，負の場合には 180 度以下になるという違いがあります．

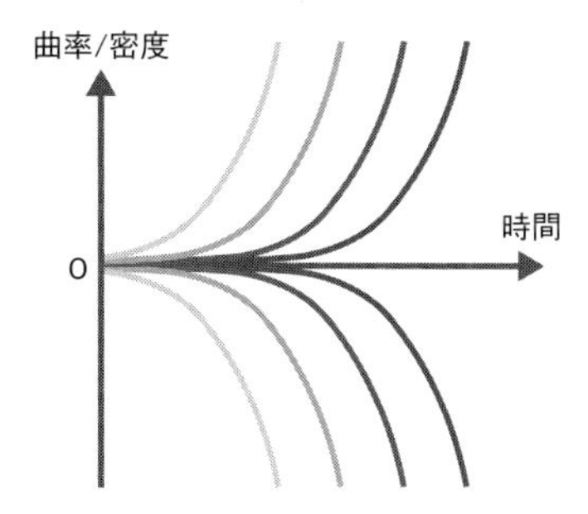

図 2.9 ビッグバン宇宙における，空間の曲率÷密度の時間発展を模式的に表した図
曲率も密度も宇宙の膨張とともに小さくはなりますが，密度の減り方の方が激しいため，この比は時間とともに大きくなる一方です．

おいて，図 2.8 のような球面や双曲面のように大きく曲がった空間を考えることができます．このような曲面は一様等方性とも矛盾しません．この曲がり具合の程度を曲率と呼びます．球面の場合には曲率は（球の半径）$^{-2}$ で与えられます．ここで，やや唐突ではありますが，図 2.9 に示すように，横軸が時間で，縦軸は先ほどの曲率を密度で割った量をグラフに描いてみると，何かがおかしいということに気づきます．

曲率自体は，時間が経過して宇宙が膨張するにつれて，小さくなります．また，膨張とともに宇宙の密度も下がります．普通の物質を考えている限り，密度の下がり方の方が曲率の下がり方よりも激しいので，結局，(曲率)/(密度) の絶対値はどんどん大きくなっていきます．最初に負であれば，負に大きくなるし，最初に正であれば，どんどん正に大きくなります．現在の宇宙において，(曲率)/(密度) という量は，それほど大きくないということは昔から知られていました．これを不思議だと思ったわけです．なぜなら，この比が現在それほど大きくないならば，過去にさかのぼると，高い精度で曲率はゼロに微調整されていなければならなかったことになるからです．

2.7 真空のエネルギー

一様性問題や平坦性問題を解決するアイデアとして，インフレーション宇宙という宇宙初期のシナリオが提唱されました．インフレーション宇宙というのは，宇宙の初期に「真空のエネルギー」が宇宙のエネルギーの大半を占めていたと考えることで，これらの問題を一気に解決してしまうシナリオです．突然，「真空のエネルギー」という意味不明の言葉が登場しましたが，インフレーションを説明するには，「真空のエネルギー」を説明しないわけにはいきません．しかし，これが難しくて，大抵はわからないといわれてしまいます．真空のエネルギーは日常的に感じることのできるものではありません．むしろ，重力が関係しない物理学において，真空のエネルギーは何の役目も果たさないと教えられる代物です．ですから，「わかる」が「直感的に納得する」の意味であるなら，わかる方がどうかしているのです．ここで理解してもらおうとしていることは，日常の感覚とは大きく異なる物理法則が私たちの宇宙を支配しているという現実を受け止めてもらいたいというお願いです．

物理学における真空を理解するには，まず，粒子とは何かを理解する必要があります．物理学において粒子は真空の上に生じた励起と考えています．逆に粒子，すなわち，励起が何もない静かな状態が真空です．なんだか禅問答のようですが，真空も粒子も状態を記述するための便法にすぎません．真空の上に粒子が励起していると記述したとき，それが上手な記述法になっていれば，粒子同士が散乱を起こす確率なども計算可能になります．私たちのよく知っている真空は1つしかありません．しかし，この宇宙に実現可能な真空はいろいろあると考えられています．いい例ではないですが，一様な磁場がかかった状態もある種の真空と考えることもできます．その場合には，磁場の強さや向きの異なる状態は異なる真空であると考えることになります．磁場のある状態はない状態に比べて高いエネルギー状態にあり，磁場ありの状態から磁場なしの状態への遷移が起これば，差額のエネルギーが解放されます．

より乱暴なたとえとしては，真空の違いは，物質の相の違いのようなものと考えることもできます．たとえば水と氷では物質の相が異なっています．温度が高いときには水の相にあり，温度を下げると氷の相になります．水の相に波を立てることによって，音波が励起されます．氷をたたいても音波が励起されます．水と氷のいずれの場合にも音波が励起されていない状態を真空のような状態だと考えることができます．水と氷のいずれの場合にも真空のような状態を考えることはできますが，それらはまったく別の状態です．温度が下がると，水の状態から，冷えて氷になるのと同じように，エネルギーの高い真空から，低い真空に移ろうとします．水が氷に比べて高いエネルギー状態である証拠に，水が氷になるときにはエネルギーの差である潜熱(せんねつ)が解放されて，熱を奪い冷やしても温度が下がらなくなります．

2.8 インフレーション宇宙モデル

宇宙初期には，エネルギー密度が高い真空にあったと考えてみましょう．この真空のエネルギー密度が高いということ自体は，重力が関係しない物理法則には何の影響も与えません．真空のエネルギーを直接観測する手段は重力以外にはまったくないのです．しかし，一般相対性理論によると重力だけは真空のエネルギーを感知することができます．

アインシュタイン方程式を一様等方宇宙に対して書き下した方程式は，(1)式に示したように，空間曲率の項を無視すると，

$$(\text{宇宙の膨張率})^2 \propto (\text{エネルギー密度})$$

という非常に簡単な式で表されます．宇宙のエネルギー密度が高いときには，宇宙の膨張が速く，エネルギー密度が低くなると，宇宙膨張は遅くなるという，非常に単純なことを述べている式です．

図 2.10 に示すように，横軸を時間として縦軸を宇宙のエネルギー密度にとったグラフを描くと，時間を過去にさかのぼると密度はどんどん上昇します．そして，ある有限の時刻で密度は発散します．しかし，もし密度の上昇がどこかで頭打ちになるとしたら，遠慮なく時間を過去に延長することができます．そうすると，宇宙論的諸問題を解決することが可能です．このような状況は真空のエネルギーが宇宙初期のエネルギー密度の大半を占めていたと仮定すると，実現可能です．真空のエネルギー密度は異なる真空に付随した固有の性質

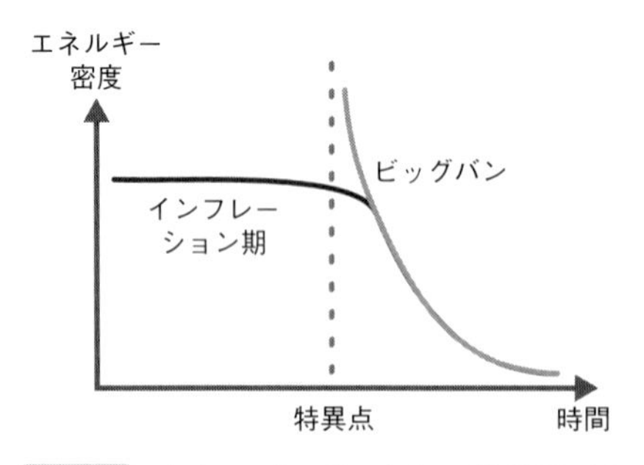

図 2.10 宇宙のエネルギー密度の時間発展の図
ビッグバン宇宙論の範囲ではエネルギー密度は単調に減少します．このため，時間をさかのぼると有限の時間でエネルギー密度が無限大になる特異点が発生します．インフレーションモデルでは宇宙初期は真空のエネルギーに支配されていると考えるので，エネルギー密度が一定となり，このような特異点が発生しないことになります．

です．通常の物質では宇宙の膨張とともに薄まるためにエネルギー密度は減少します．それに対して，真空のエネルギー密度は減少しません．その結果，宇宙の膨張率はほぼ一定になりますが，これは膨張速度が宇宙のサイズに比例して大きくなるということですから，加速膨張を意味します．この宇宙の加速膨張がインフレーションです．

真空のエネルギーが卓越している状況では，宇宙のエネルギーの総量は，宇宙膨張とともに増えます．エネルギーの総量が保存しませんが，これは矛盾ではありません．真空のエネルギーは負の圧力をともなっています．宇宙をある球形の領域の内側と外側に分けて考えます．内側の領域は外側を押しながら膨張します．通常の物質のように圧力が正である場合には，外側の領域を押しながら膨張するために仕事をする必要があります．外側の領域に対して行った仕事の分だけ，内側の領域はエネルギーを失います．したがって，体積の増大で薄まる以上にエネルギー密度が下がります．つまり，通常の物質を考えた場合にも宇宙のエネルギーの総量は保存していません．圧力が負の場合には，これとは逆のことが起こります．外側の領域を押すために負の仕事をすることになり，その分だけエネルギーを獲得することになります．真空のエネルギーの場合，獲得したエネルギーが体積膨張によりエネルギー密度が薄まる効果をちょうど相殺しているのです．

宇宙初期の真空は，現在の真空に比べてエネルギー密度が高い状態にありました．エネルギー密度の高い真空から低い真空へと転げ落ちる際に，初期の真空がもっていたエネルギーが，物質のエネルギーに変換されて，ビッグバン，すなわち，高温・高密度の宇宙の初期条件がつくられたと考えられています．

この一連のシナリオがインフレーション宇宙モデルと呼ばれる仮説です．

インフレーション宇宙モデルの仮説を置くことで，一様性問題はつぎのように解決します．図 2.7 では，宇宙背景放射の最終散乱時刻より少しさかのぼると，宇宙の密度が無限になる時刻，すなわち，宇宙の始まりがありました．宇宙の始まりから最終散乱時刻の間の時間間隔が短すぎるために，どのように宇宙が一様化したかを説明できませんでした．しかし，インフレーションが起こると，宇宙の始まりと最終散乱時刻の間はいくらでも引き伸ばすことができます．どれだけさかのぼっても，密度が発散することがないからです．したがって，遠く離れた 2 点間同士も互いに相互作用し合って，一様化する時間の余裕が生まれます．

平坦性問題はどう解決されるかを考えるには，何が問題だったかを思い出せば十分です．宇宙が膨張すると空間曲率は小さくなりますが，通常の物質のエネルギー密度はより早く減少します．曲率とエネルギー密度の比をとると，曲率の方がどんどん大きくなるために，宇宙初期に曲率を非常に小さな値に微調整しておかなければならないことが問題でした．しかし，真空のエネルギーが卓越した状況では，宇宙膨張にともなってエネルギー密度が減少しないため，この比は逆に宇宙膨張とともに減少します．したがって，宇宙初期に非常に小さな空間曲率に微調整されている必要がありません．

2.9 宇宙の構造形成

一様性問題や平坦性問題を解決するといっても，これらが本当に問題だったのかピンとこないかもしれません．しかし，インフレーションは宇宙論的諸問題を解決するだけでなく，さらにボーナスとして，宇宙の構造形成の種をつくるメカニズムが備わっています．

相対性理論と並んで，現代の物理学の基礎をなしているものとして量子力学があります．この理論も日常の感覚では理解できない不思議な理論ですが，ミクロの世界の現象を記述するにはどうしても必要になります．量子力学の説明はすべて省略しますが，量子力学の根幹にある不確定性関係だけを紹介したいと思います．不確定性関係は，物体の位置と速度（正確には運動量）を同時に精度よく決定できないことを主張します．物体の位置を確定させようとすると物体の速度は無限大の不定性をもちます．逆に物体の速度を確定させようとすると，その位置は無限大の不定性をもちます．この不確定性関係から，あらゆる量が避けがたい量子ゆらぎをもちます．量子ゆらぎを日常的には感じないのは，位置も速度もそれほど高い精度で確定させようとしていないからです．位置と速度を同時に確定させたとしても，ほどほどの精度であれば，不確定性関係と矛盾しません．

すべての物理法則は量子力学に従い，すべての物理量に常に量子ゆらぎがあります．インフレーション宇宙モデルを採用すると，じつはこの量子ゆらぎによって宇宙背景放射の 0.001％のゆらぎを説明することができます．この小さなゆらぎが重力的に成長し，星や銀河といった宇宙の構造をつくったと考えられています．ここで，ゆらぎが重力的に成長するとはどういうことでしょうか．物質が一様に分布している場合，あらゆる方向から同じように引かれて，結局，力が打ち消し合うという話を最初の方にしました．しかし，たとえば，左隣のものが私たちに少し近い状況では，左に引かれる力の方が強いので，そちらの方へと加速されます．その結果，左隣のものはさらに近づきます．結果として，密度が少しでも高い場所は，さらに高くなり，低い場所はさらに低くなります．この重力の性質のおかげで，初期に存在したわずかなゆらぎもどんどんと成長し，星や銀河ができたと理解されています（第 4 巻第 1 章参照）．

2.10 インフレーション宇宙モデルの検証

これまで説明してきたインフレーション宇宙モデルに基づく宇宙の進化を 1 枚の絵に表したものが図 2.11 です．

このインフレーション宇宙モデルを検証することを目指して，マイクロ波宇宙背景放射の観測の精密化が進んでいます．COBE 衛星は 1989 年に，その後，WMAP 衛星が 2001 年に打ち上げられ，2009 年に打ち上げられた Planck 衛星では，さらに観測精度が向上しました．

図 2.12 のグラフは横軸が角度スケールで，それぞれの角度スケールに対するゆらぎの振幅がプロットされています．インフレーション宇宙モデルによれ

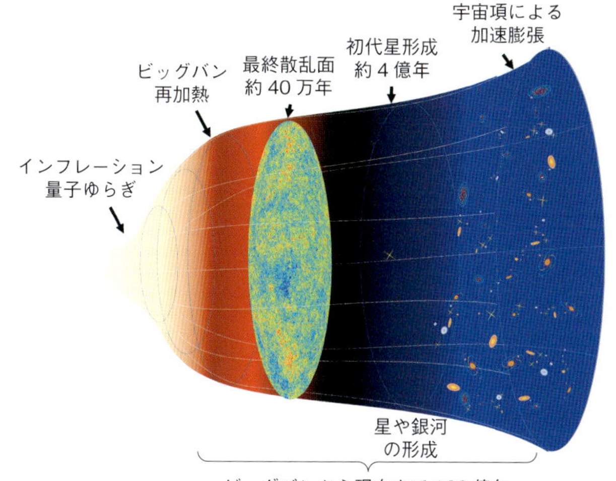

図 2.11 インフレーション宇宙モデルに基づく宇宙進化の概念図
急速な宇宙膨張であるインフレーションを経て，ビッグバンが起こり，やがて最終散乱面が形成されます．この時点ではごくわずかであった密度ゆらぎが，重力不安定性によって増幅され，星や銀河が形成されて現在の宇宙になったと考えられています．
（最終散乱面の画像は https://www.cosmos.esa.int/web/planck/ より）

ば，この図に曲線で示されたような特徴的パターンを示すことが理論的に予言されます．誤差棒のついた点が観測値です．インフレーション宇宙モデルの予言と観測が非常によく一致していることがわかります．

インフレーション宇宙モデルのさらなる検証として，重力波モードの観測に関心が集まっています．一般相対性理論は時空の曲がりによって重力を表す理論でしたが，この時空の微小なひずみが波として伝わるものが重力波です．インフレーション宇宙モデルでは星や銀河の種となった密度ゆらぎと同様に，この重力波モードのゆらぎも生成されると期待されます．マイクロ波宇宙背景放射の偏光を観測することによって，インフレーションの時期に生成された重力波モードの存在を確認できるといわれています．光は振動の方向の違いで2つの偏光成分をもっています．この偏光の天球面上でのパターンを解析することで，初期密度ゆらぎに起因するのではなく，重力波モードのゆらぎに由来するマイクロ波宇宙背景放射のゆらぎを分離することができるのです．重力波モー

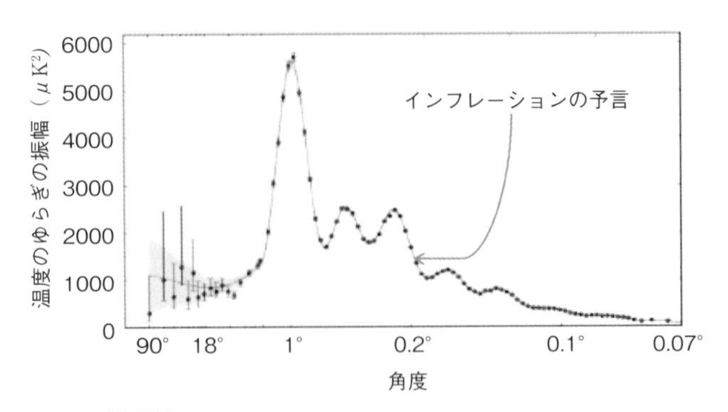

図 2.12 Planck 衛星が観測した宇宙背景放射のゆらぎ
横軸は角度スケールで，縦軸がゆらぎの振幅の２乗を表します．幅をもった線はインフレーションモデルの予言．
（http://sci.esa.int/planck/51555-planck-power-spectrum-of-temperature-fluctuations-in-the-cosmic-microwave-background/ より）

ドの存在はまだ確認されていませんが，これが確認されると，インフレーション宇宙モデルはより強固な確証を得たということになります．

2.11 宇宙論の謎

現代宇宙論はビッグバンのその前に何が起こったかさえも明らかにしようとしています．さまざまなことが理解されていく一方で，多くの謎も残されています．2011 年のノーベル物理学賞は「遠方の超新星の観測を通した宇宙の加速膨張の発見」に対して与えられました．宇宙の膨張率は宇宙のエネルギー密度によって決まるという話でしたが，通常の物質だけを考えていたのでは，速度と距離の関係をうまく説明できません．ハッブル・ルメートルの法則では距離と速度は比例すると書きましたが，距離が大きくなると，宇宙膨張の過去の歴史が影響してきます．そのため，単純な比例関係からずれます．そのずれを観測すれば，宇宙の膨張率の時間変化がわかるというのです．

このような解析の結果，現在の宇宙は，ダークエネルギーが宇宙のエネルギー密度の約 70%を占めているとされます．ダークエネルギーと呼ばれますが，その正体は真空のエネルギーにほかなりません．この成分のおかげで，現在の宇宙はインフレーション期と同様に加速膨張しているということがわかってきました．ダークエネルギーに加えて，ダークマターといわれるような，振る舞いとしては通常の物質と同じように，体積に反比例してエネルギー密度が減少するけれど，直接見ることができない物質の存在も必要とされています．これらのダークな構成要素の正体を明らかにすることが，現代宇宙論の1つの大きな課題となっています．こういう困難な問題の存在が，逆に，直接観測することのできない，さらなる「宇宙の果て」を探る手がかりになるのかもしれません．

引用文献

Betoule, Marc *et al.*: Improved cosmological constraints from a joint analysis of the SDSS-II and SNLS supernova samples. *Astronomy and Astrophysics*, **568**（A22）, 2014.

Penzias, Arno Allan and Robert Woodrow Wilson: A measurement of excess antenna temperature at 4080 Mc/s. *Astrophysical Journal*, **142**: 419–421, 1965.

参考文献：初心者向け

佐藤勝彦：インフレーョン宇宙論―ビッグバンの前に何が起こったのか，ブルーバックス，講談社，2010.

真貝寿明：現代物理学が描く宇宙論，共立出版，2018.

Newton 別冊：佐藤勝彦博士が語る―宇宙論の新時代，ニュートン別冊，ニュートンプレス，2018.

参考文献：中・上級者向け

佐藤勝彦・二間瀬敏史（編）：宇宙論I　第2版―宇宙のはじまり（シリーズ現代の天文学 2），日本評論社，2012.

田中貴浩：深化する一般相対論―ブラックホール・重力波・宇宙論，丸善出版，2017.

松原隆彦：現代宇宙論―時空と物質の共進化，東京大学出版会，2010.

Liddle, Andrew R. and David H. Lyth: *Cosmological Inflation and Large-Scale Structure*, Cambridge University Press, 2000.

Mukhanov, Viatcheslav: *Physical Foundations of Cosmology*, Cambridge University Press, 2005.

Weinberg, Steven: *Cosmology*, Oxford Univesity Prress, 2008.

chapter 3

オーロラ

海老原祐輔

オーロラと聞いて多くの方は凍てつく極地の夜空を舞う光のカーテンを連想するでしょう．オーロラは光のカーテンばかりではありません．オーロラは実に多種多様で，雲のようにぼんやりとしたオーロラ，明滅するオーロラ，真っ赤なオーロラなどさまざまな形態があります．また，きわめて稀ですが日本のように緯度が低い地方でも見ることができます．オーロラの多様性は宇宙空間の状態と超高層大気の構造に関係があり，オーロラを知ることは地球周囲の宇宙空間と超高層大気をよりよく知ることにつながります．ここでは最新の研究成果を交えながら，オーロラの秘密に迫りたいと思います．

3.1 オーロラの見え方

図 3.1 にオーロラの写真が 5 枚あります．1 番上にある 2 枚の写真は私がスウェーデンで撮影したカーテン状のオーロラです．2 枚の写真には共通点があります．お気づきになるでしょうか．1 つ目はカーテン状のオーロラであること，2 つ目はカーテンの下の方が緑になっていることです．一方，カーテンの上の方では色が違います．左の写真には赤いオーロラが，右の写真には紫のオーロラが上の方で光っています．この違いについては後ほど説明します．

オーロラの写真を見るとオーロラが空高く広がっているように見えます．どこまで広がっているのでしょうか．20 世紀初頭，ノルウェーの研究者ステルマーはオーロラを多地点で同時に撮影し，三角測量の原理でオーロラの高さを割り出しました．その結果，オーロラは地上から 90 km 以上の高さで光ることを突きとめました．なかには高さ 1100 km にも達する背の高いオーロラも

地上から見たオーロラ

国際宇宙ステーションから見たオーロラ

人工衛星がとらえたオーロラ

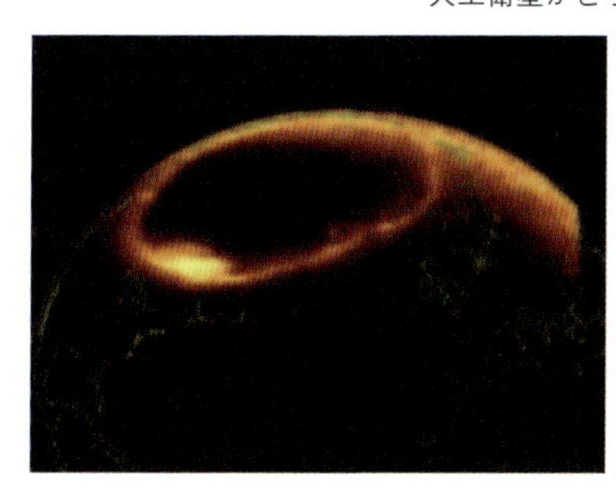

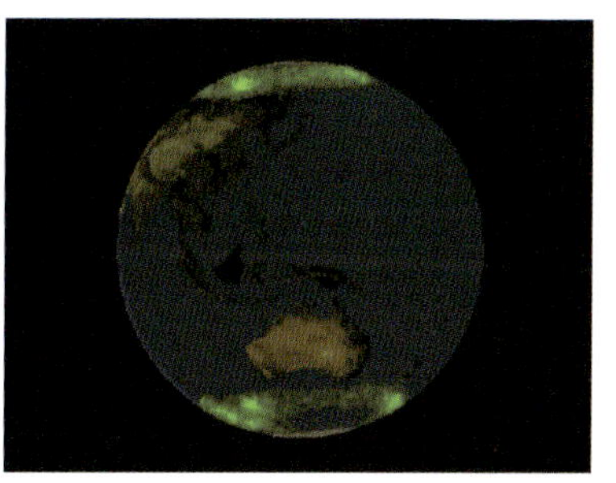

図 3.1　さまざまな高さから見たオーロラ
上：地上で撮影されたオーロラ，中：国際宇宙ステーションで撮影されたオーロラ（NASA），下：より遠くの宇宙から人工衛星で撮影されたオーロラ（NASA）．

あったことを報告しています．中央の写真は高さ 400 km 付近を周回している国際宇宙ステーションで撮影されたオーロラです．上の方で赤く，下の方で緑のカーテン状オーロラがはっきり見えます．地上で見るオーロラとは異なり，オーロラはやや下の方に見えます．これは，緑のオーロラが，宇宙ステーションより低い高さ 110 km 付近を中心に光るからです．

下の 2 枚の写真はさらに遠くの宇宙から人工衛星が撮影したものです．色は人工的に着色されたもので実際の色とは異なります．この高さまでくると個々のカーテンを見ることはできず，冠のように極をとりまくオーロラが目を引きます．この冠のことをオーロラオーバルと呼びます．オーロラオーバルは北半球と南半球にあり，おおまかには南北でほぼ対称であることがわかっています．オーロラオーバルは広がったり縮んだりしますが，決して消えることはないようです．このことは，オーロラは地球上のどこかで常に光っていることを意味します．しかし，常に光っているようなオーロラのほとんどは薄暗く，ぼんやりしていて観賞には向きません．

3.2 オーロラの高さと発光のしくみ

20 世紀初頭にステルマーが割り出したようにオーロラは 90 km 以上の高さで光ります．とくに緑のオーロラは高さ 110 km を中心に光ります．そこはどのような世界でしょうか．まず空気が薄いということがあげられます．気圧が地上の 100 万分の 1 程度しかありませんので，人は宇宙服を着なければ生きていけません．光はほとんど散乱されず，空は昼でも黒く見えるでしょう．この領域に行くための手段はとても限られています．たとえばジェット旅客機は高さ 10 km 付近を飛行しますが，それ以上の高さでは酸素が少ないため燃料を燃やすことができず飛行することができません．気球は飛行機よりも高いところまで到達できます．気球到達高度の世界記録は日本の宇宙航空研究開発機構（JAXA）による 53.7 km ですが，それでもオーロラが光る領域に行くことはできません．ほぼ唯一の手段はロケットです．オーロラめがけてロケットを打ち込む実験が北欧，アラスカ，南極などで多数実施され，貴重なデータが得られています．地球を周回する人工衛星ならばオーロラが光る領域に行くことができると思われるかもしれません．しかし，高さ100 km付近は非常に薄いとはいえ大気がまったくないというわけではなく，人工衛星はその抵抗を受けて高度を下げ，最後には落下してしまうのです．この高さでは人工衛星の高さを維持するのは難しいのです．

私たちは対流圏のなかで暮らしています．対流圏は地上から約10 kmの高さまで広がり，その上には成層圏，中間圏，熱圏があります．オーロラが光るのは熱圏と呼ばれる領域で，そこでは温度が2000度に達することもあります．図3.2は典型的な大気の密度を示したものです．地上では窒素分子（N_2）が最も多く，酸素分子（O_2），アルゴン（Ar），ヘリウム（He）が続きます．この組成比は高さ90 km付近まで続きます．しかし，高さ90 km付近から酸素原子（O）と水素原子（H）が増えてきます．この酸素原子がオーロラの色を特徴づける重要な役割を果たすのです．

宇宙空間ではさまざまなエネルギーをもつ粒子が飛び交っていますが，その一部が地球に降ってくることがあります．地球にやってくる粒子がまず遭遇するのは分厚い大気です．粒子が大気に衝突すると大気中の原子や分子にエネルギーを与えます．「励起」という状態です．たとえば街中などで不意に人がぶつかってきてムっとすることがあるかもしれません．これも1つの励起の状態といえるでしょう．しかし，いつまでも怒ってばかりではいられません．人と同じように励起した原子や分子もやがてもとの状態に戻ろうとします．その1つの方法は光を出すことです．光はエネルギーをもっていますので，余分なエネルギーを光の形で放出し，もとの状態に戻ることができるのです．こうして放出された光の集合がオーロラなのです（図3.3）．オーロラは大気が自ら光を放つ発光現象であり，その意味においては雷と同じ仲間です．一方，虹は太陽の光

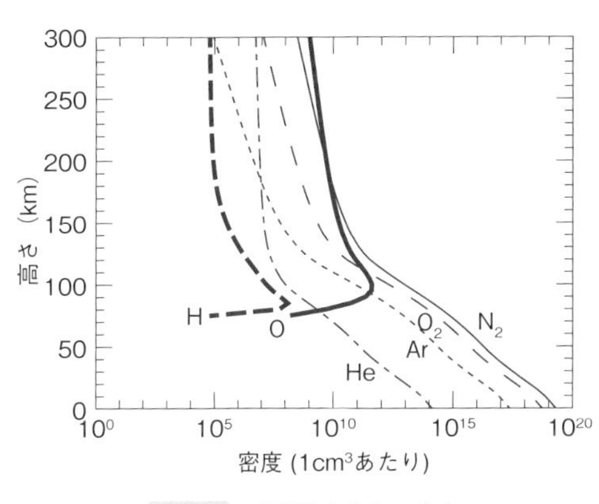

図3.2　典型的な大気の密度

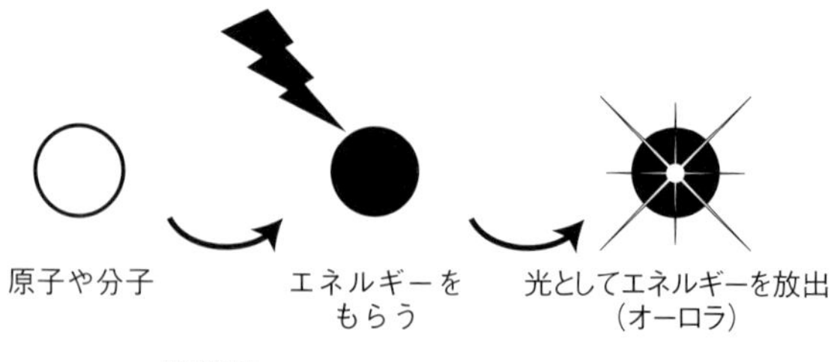

図 3.3　オーロラが光る基本的なしくみ

を反射することで見える現象でオーロラとはしくみが大きく異なります．

3.3 オーロラの色

つぎにオーロラの色について説明します．代表的なオーロラの色といえば緑や赤，紫でしょう．オーロラが激しく舞うときにはオーロラのカーテンの裾の端がピンク色に光ることもあります．オーロラの色を決めるのは光を放つ原子や分子です．たとえば，酸素原子は緑や赤の光を，窒素分子イオンは青や紫の光を中心に放ちます．色が連続的に変わる虹とは異なり，オーロラは決まった色しかありません．オーロラの色の代表選手たちを図 3.4 に示します．一般的に一番明るいのが緑で，その上の方では酸素原子の赤もしくは窒素分子イオンの紫，下の方では窒素分子の赤と青（が混ざってピンク色）の色が現れます．ほかにも色は多数あり，色の情報は科学的に重要な情報を提供してくれるのですが，代表選手たちと比べてとても暗いのでここでは割愛します．

上の方が赤くて下の方が緑のカーテン状のオーロラの写真が図 3.1 にあった

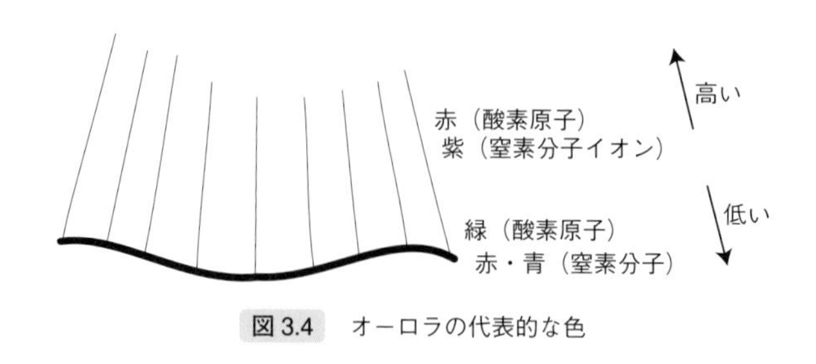

図 3.4　オーロラの代表的な色

ことを思い出してください．この緑と赤の光はどちらも酸素原子が放つ色です．そもそも赤のオーロラの方が緑よりも約 10 倍光りやすいので，本来であれば赤っぽいオーロラになるはずです．同じ酸素原子なのになぜ緑と赤に分かれて見えるのでしょうか．その鍵は光が出るまでの時間差にあります．酸素原子がエネルギーを得てから緑の光を放出するまで約 0.7 秒かかりますが，赤の光を放出するまで約 110 秒もかかります．酸素原子がエネルギーを得て光を放出するためには，それまでほかの粒子と衝突することなく，エネルギーを維持しておくことが必要です．大気の密度が高いほどほかの粒子と衝突しやすくなりますので，密度が高い下の方では赤いオーロラは光りにくくなります．そのため，下の方では赤いオーロラをほとんど見ることができず，緑のオーロラが卓越することになります．窒素分子が放つピンク色のオーロラは窒素分子がエネルギーを得てから 100 万分の 1 秒程度の速さで放つ光なので，大気密度が比較的高いカーテンの裾でも光を出すことが可能なのです．オーロラの上の方が紫になっていることがあります（図 3.1 の右上の写真）．このとき上空では太陽の光に照らされているために窒素分子イオンが多く，窒素分子イオンが放つ紫の光が多く放出されているためだと考えられています．

オーロラ発光のしくみは簡単のように思えるかもしれません．しかし，オーロラの代表的な色である緑のオーロラがなぜ発光するのかについては決着がついていないのです．いくつかメカニズムが提案されています．1 つ目は宇宙空間からやってきた電子が酸素原子に衝突し，酸素原子が光るというもの．もう 1 つは宇宙空間からやってきた電子が窒素分子に衝突し，さらに窒素分子が周囲にある酸素原子にエネルギーを与え，酸素原子が光るというものです．どちらも無視できないという指摘があり，オーロラの未解決問題の 1 つとなっています．

テレビや写真で見るオーロラは虹のようにキラキラと輝いて見えることがあります．そのようなオーロラを期待してオーロラ観賞旅行に出かけたものの，実際に見えたオーロラは雲のように白みがかっていて失望したという話をよく聞きます．オーロラが白っぽく見えるのにはいくつかの理由があります．1 つは，青，緑，赤などさまざまな色が混ざっているために白く見えること．もう 1 つは，人間の目は弱い光に対して色を識別するのが難しいことです．でもがっかりしないでください．オーロラが激しく舞うときにはピンク色のオーロラがカーテンの裾にはっきり見え，その動きはあまりに美しく感動的です．

肉眼で見ると白っぽく見えるオーロラでも，写真に撮れば緑や赤などの色がはっきりと写ります．デジタルカメラは光を赤，緑，青の3色に分解して記録します．人間の目は緑色に反応する感度が高いため，分解した3色の光を合成するときに緑色がほかの色と比べて強くなるよう調整されています．このため，写真に撮ると緑のオーロラがとくに強調されることになります．デジタルカメラが登場する前はフィルムを使ったカメラが主流でした．フィルムカメラは3色に分解せずに光をそのままフィルムに記録しますが，フィルムによってオーロラの写り方がまったく異なりました．ある会社のフィルムを使って撮影すると緑のオーロラが強調され，赤のオーロラはほとんど写らないこともありました．撮影したオーロラの写真を補正して見栄えをよくすることもされているようです．補正の度が過ぎると虹のようにキラキラと輝くようになり，オーロラの真の姿から大きくずれてしまいます．

オーロラの代表的な色である緑は酸素原子が放つ光であることがわかりました．それは地球の大気に酸素が豊富に含まれていることの証でもあります．酸素は地球誕生当初から豊富にあったわけではなく，太古の地球に出現したシアノバクテリアなどの微生物が光合成によって酸素をつくり出した結果だと考えられています．そうした酸素が上空にのぼり，紫外線によって原子状の酸素となり，やがて宇宙からやってくる粒子と衝突することで緑のオーロラが光るのです．緑のオーロラを見ると生物との深いつながりを考えずにはいられません．

3.4 オーロラの形

オーロラといえばカーテン状のオーロラを思い浮かべる方が多いと思いますが，オーロラにはたくさんの種類があります．1963年に国際委員会が分類したオーロラを図3.5に示します．水平方向にほぼまっすぐに伸びるアーク，やや不規則な構造をもつバンド，綿雲のような形をもったパッチ，空全体に広がるベール，空高く上る筋状のレイに分けられます．さらにバンドの一部が折り

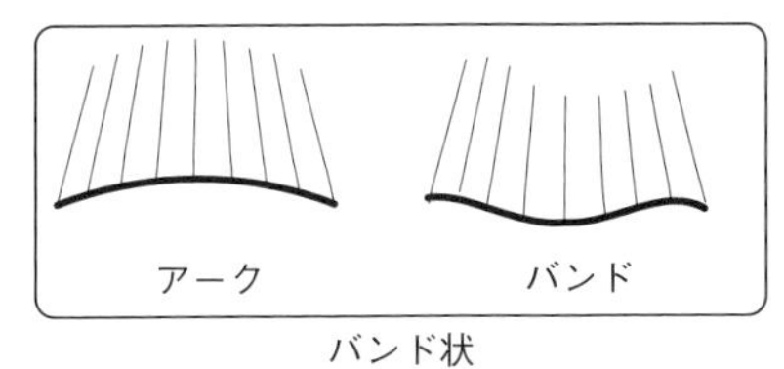

バンド状

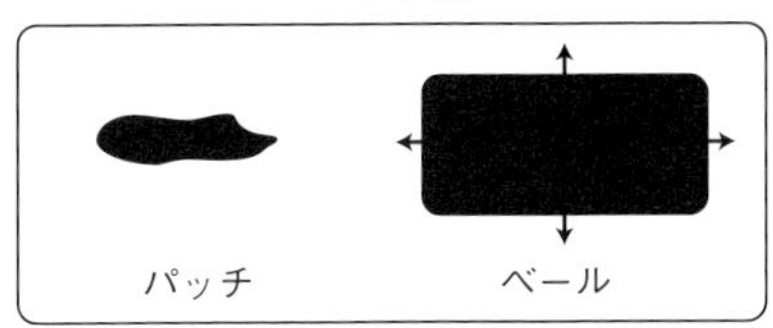

ディフューズ

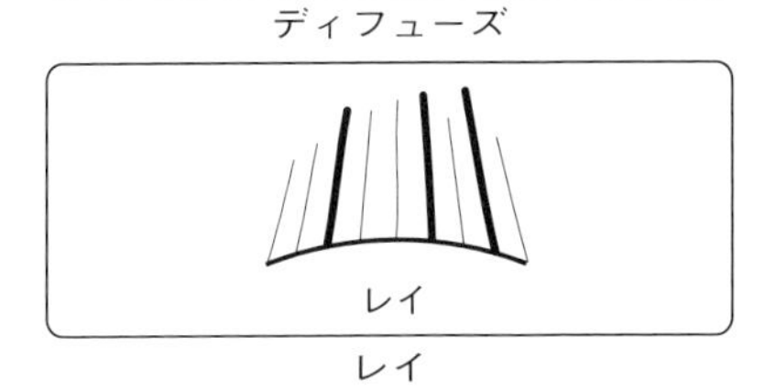

レイ

図 3.5 オーローラの分類

たたまれたフォルド，一部が巻きついたカール，大規模な渦巻き構造をもつスパイラルもあります．カーテン状のオーロラを真下から見ると，オーロラが1点から広がって見えることがあり，コロナオーロラと呼ばれています．カーテン状のオーロラがたなびいたり，しだいにフォルド状に変わったり，オーロラはさまざまに形を変えますが，それらが動くしくみはまだ解明されていません．

遠くから見ると1枚に見えるカーテン状のオーロラでも，よく見ると複雑な構造でできていることがあります．図3.6は同じオーロラを同時に撮影したもので，拡大してみると1枚に見えるオーロラの内部に幾重もの複雑な構造が埋め込まれていることがわかります．このように複雑な構造をもつオーロラは肉眼でもはっきりと見ることができます．

オーロラの厚さはどのくらいあるでしょうか．マッグスとディビスは70 mの厚さをもつオーロラが多いと報告しました（Maggs and Davis, 1968）．70 mという厚さは宇宙空間のスケールを考えると極限的に薄いものです．ボロフスキーはオーロラの形をつくる原因として考えられている22の説を検証しましたが，どの説も70 mの薄さを説明できないと結論づけています（Borovski, 1993）．カーテン状のオーロラの動きだけでなく，その薄さも大きな謎なのです．

明るいカーテン状のオーロラのなかには激しく明滅を繰り返すものもあります．1秒間に3～15回もの速さで明滅するものもあり，フリッカリングオーロラと呼ばれています．最新の高感度カメラで撮影したところ，少なくとも1秒間に80回も明滅していることがわかりました（Fukuda *et al.*, 2017）．これは

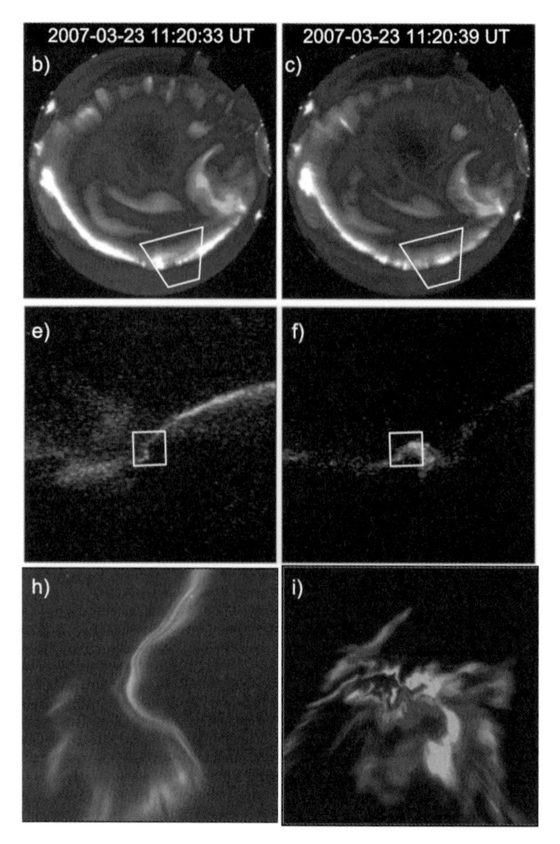

図3.6　オーロラの入れ子構造（Semeter *et al*., 2008）
カーテン状のオーロラのなかには細かな構造が埋め込まれていることがあります．

オーロラの明滅速度の最速記録でしょう．

カーテン状のオーロラのように明るく，はっきりとした形をもつオーロラの原因は地球向きに加速された電子だと考えられています．そのしくみは一昔前のテレビで用いられていたブラウン管に似ています．ブラウン管は真空のチューブのなかに電子銃と呼ばれる電極を置き，高い電圧をかけて加速した電子を蛍光物質が塗られた面に向けて照射する装置です（図3.7）．カーテン状オーロラの上空には天然の電子銃があり，放たれた電子が大気というスクリーンに照射され，蛍光物質の面の代わりに大気が光るのです．オーロラの形は電子銃の

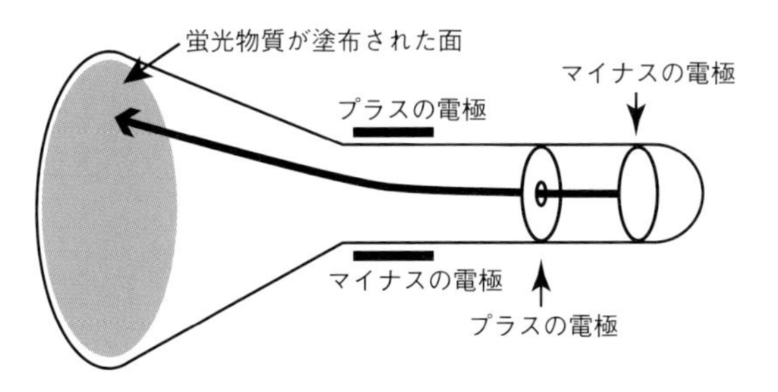

図 3.7 ブラウン管のしくみ

配置で決まり，オーロラの明るさは電子銃から放射される電子の総量におよそ比例します．実際の宇宙空間には電子銃のような機械仕掛けの装置はありません．地表から数千～数万 km の高さで電子銃と同じような状態が自然につくられているのです．電子銃の状態はとても不安定ですぐに壊れてしまうはずなのに，なぜ長時間にわたって維持できるのかは大きな謎です．

電子銃の代わりに，まったく別の理由で光るオーロラもあります．図 3.1 の中程にある国際宇宙ステーションで撮影されたオーロラの写真をご覧ください．中央部から右の方にかけてカーテン状のオーロラが広がっていますが，左下には綿雲のようなオーロラが広がっています．このオーロラは明滅を繰り返していて，脈動オーロラと呼ばれています．個々の脈動オーロラはパッチと呼ばれ，点滅の周期は 1～30 秒程度です．脈動オーロラは薄暗く，カーテン状オーロラほど華やかではありませんが，肉眼で見ることができます．脈動オーロラの原因はよくわかっていませんが，電子銃で加速された電子ではなく，宇宙空間で何らかの散乱を受けて落下した電子だと考えられています．散乱の原因として宇宙空間を飛び交う電磁波が有力です．電子が電磁波と出会うと電子の足並みがフラっと乱れるという考えです．人工衛星の観測によると脈動オーロラの「オン」･「オフ」と電磁波の「オン」･「オフ」はよく対応しているようです．ではなぜ電磁波が周期的に発生したり消えたりを繰り返すのでしょうか．パッチの形は何が決めているのでしょうか．明確な答えはまだなく，脈動オーロラも多くの謎に包まれています．

ブラックオーロラと名づけられた奇妙なオーロラがあります．オーロラが黒く光るわけではありません．一様に光るオーロラの一部が欠落しているために黒く見えるのです．ブラックオーロラは，通常のオーロラと同じようにアーク状だったり筋状だったり，ときには渦を巻いたりします．ブラックオーロラの周囲はディフューズオーロラと呼ばれる一様に光るオーロラが広がっています．ディフューズオーロラは電磁波によって散乱された電子が降り続けることで光ると考えられています．しとしとと降り続ける秋雨のようです．ブラックオーロラが現れるということは，オーロラがそこだけ「光らない」ことを意味します．「光らない」原因として2つの説が提唱されています．1つは上を向いた電子銃が上空にあって，電子の降り込みを阻害しているという説．もう1つは電子の散乱が局所的にやんでいるという説です．東北大学を中心とする研究チームは，れいめい衛星で降り込み電子とブラックオーロラを同時に観測することに成功し，後者の説を提唱しました．

オーロラが現れるのはオーロラオーバルのなかだけとは限りません．オーロラオーバルの外側（オーロラオーバルの低緯度側）ではちぎれ雲のようなパッチ状のオーロラや，枝分かれ状のオーロラが現れることもあります．図3.8は日本のれいめい衛星が観測した奇妙な形をもつオーロラです（Ebihara *et al.*, 2010）．白い線に沿って衛星が通過する間，このオーロラはほとんど動きませんでした．地形のようにも見えますが，オーロラが光っているところでは降り込み電子が増えているので，たしかにオーロラなのです．さらに電子銃によって加速された電子ではなく，散乱を受けた電子でつくられていることもわかっています．オーロラの厚さは最も薄いところで約600 mしかなく，散乱された電子がつくるオーロラのなかで最も薄いオーロラだと考えられています．この形が何を反映しているのかまったくわかっていません．

オーロラオーバルの内側（オーロラオーバルの高緯度側）でもオーロラは現れます．極冠オーロラと呼ばれ，太陽方向を向いた筋状のオーロラ「太陽沿い（sun-aligned）オーロラ」や，オーロラオーバルを横断してギリシャ文字の「θ」に見える「シータ（theta）オーロラ」，雨のように極冠全体に電子が降り注ぐことで光る「極雨（polar rain）オーロラ」などが知られています．

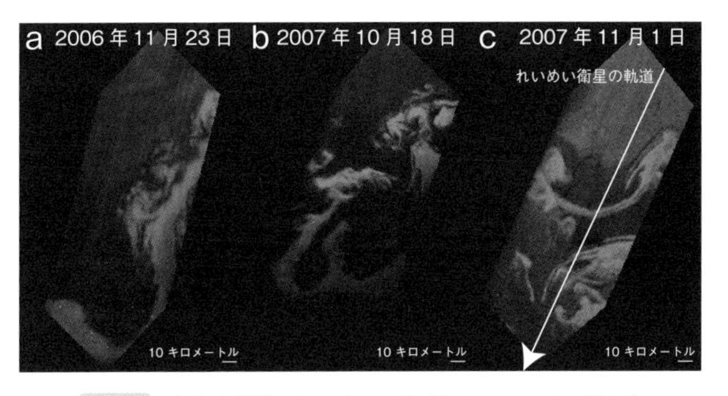

図3.8　ほとんど動かないオーロラ（Ebihara *et al.*, 2010）

3.5 24時間オーローラを見続けることはできるか

オーロラオーバルは磁極をとりまいています．もしオーロラオーバルの直下に居続けることができれば，24時間オーロラを見ることができそうです．どのような方法があるでしょうか．1つの方法は飛行機で西向きに飛び続けて地球の自転に逆らうことです．地表の自転の速さは緯度によって異なり，北緯65度では約700 km/時になります．旅客機は900 km/時で飛ぶことができますから地球の自転に逆らうことは可能です．1960年代後半，オーロラ観測装置を搭載した特別仕立ての飛行機をノルウェーからカナダに向けて飛ばし，同じ地方時（ある地点を通る子午線を基準に定めた時刻）のオーロラを長時間観測するという野心的なプロジェクトが実施されました．しかし，搭載できる燃料には限りがありますから，24時間飛行を続けるのは難しいでしょう．もう1つの方法は，24時間オーロラオーバルから離れることのない特別な場所に行くことです．その場所の1つ目の条件は，24時間太陽高度が地平線から十分下がっていることです．オーロラは星が見えるほど暗くなければ見ることができません．北緯66.6度より北では冬至を中心に極夜と呼ばれる太陽が1日昇ることのない期間があります．この条件は緯度が高ければ満たされます．南半球でも同じです．2つ目の条件は，オーロラオーバルが24時間視野内にあるということです．オーロラは高さ90 km以上で現れるので，遠くのオーロラも

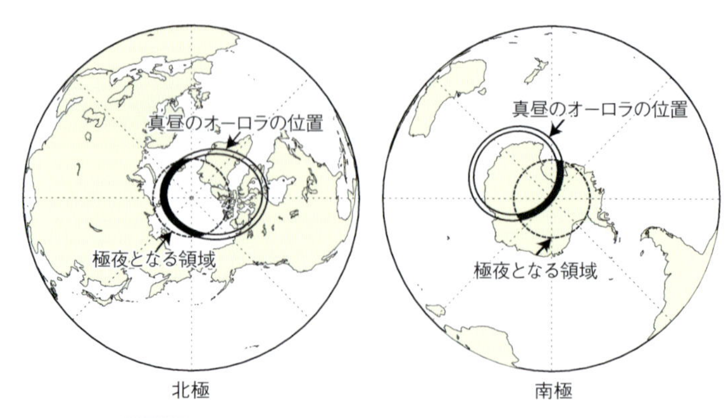

図 3.9　24 時間オーロラを見ることができる特別な場所
黒く塗りつぶされた領域で 24 時間オーロラを見ることができます．

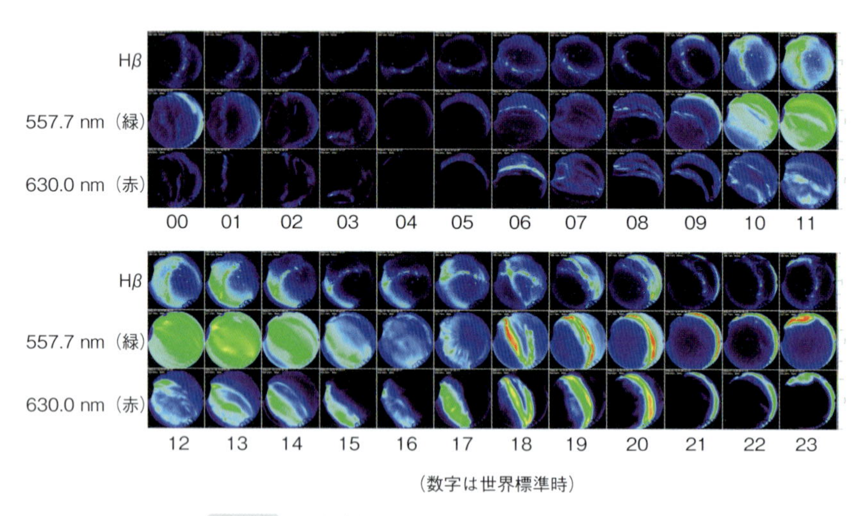

図 3.10　南極点基地で 24 時間連続観測したオーロラ
上から Hβ（波長 486.1 nm），緑のオーロラ（波長 557.7 nm），赤のオーロラ（波長 630.0 nm）です．

見ることができます．この2つの条件を満たす特別な場所を図3.9に示します．1つ目の条件を満たすのは破線より内側の領域で，ここでは太陽高度が十分低く，冬至前後には星を 24 時間見ることができます．2つ目の条件を満たすのは2本の実線で囲まれた領域です．これは真昼のオーロラが現れやすい領域を示していて，オーロラオーバルが24時間視野内にあることの目安になります．この2つの条件を満たすのが黒く塗られた領域で，北半球では北緯79度付近のノルウェー領・スバールバル諸島や北極海に浮かぶロシア領のいくつかの島が該当します．ロシア領のこれらの島々は無人島で行くことはきわめて困難ですので，民間航空会社の定期便があるスバールバル諸島に行くのが現実的でしょう．南半球については，その特別な領域は南緯90度の南極点を中心に南極大陸を縦断しています．南極には多くの観測基地がありますが，たとえば米国が運営するアムンゼン・スコット南極点基地はこの特別な領域に含まれます．

南極点では太陽高度が1日のうちにほとんど変わらず，3月に太陽が沈むと9月まで太陽は昇りません．つまり，半年間は昼で残りの半年間は夜という意味でも特別な場所なのです．南極点基地で観測した24時間現れ続けるオーロラを紹介します（図3.10）．1つひとつが魚眼レンズを使って撮影した画像で，0時（世界標準時）から23時（世界標準時）まで1時間ごとに並んでいます．それぞれの時刻にはHβと呼ばれる青い光，緑の光，赤の光の3種類の画像があります．Hβは水素イオン（プロトン）が降り込むことで光る青いオーロラで，肉眼ではほとんどみることができません．緑と赤のオーロラはどちらも酸素原子が放つオーロラです．オーロラの位置は時間とともに変わっていきますが，南極点基地では24時間オーロラを連続観測できることがわかります．

3.6 磁気圏の形成

なぜオーロラはオーロラオーバルのように限られた領域でのみ現れるのでしょうか．このことを理解するために，地球の外側に広がる宇宙空間について紹介しましょう．宇宙空間は無の世界のように見えますが，電気を帯びた粒子が周囲の磁気と相互に作用しながら飛び交っています．重要なことは，地球は1つの大きな棒磁石だということです．棒磁石のまわりに砂鉄を置くと双極子型の磁力線が浮かび上がります．これは磁場が空間に広がっているからで，真空中ではこの双極子型の磁力線が無限遠まで広がります．ところが太陽から伸びる磁場が支配する太陽圏のなかに地球があり，太陽から吹きつける電気を帯びたガス（プラズマ）に地球は常にさらされています．このガスの流れを太陽風

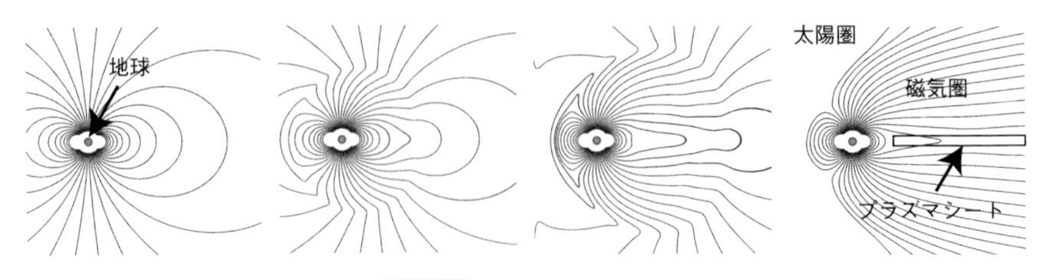

図 3.11　磁気圏の形成過程
各図の左側に太陽があります.

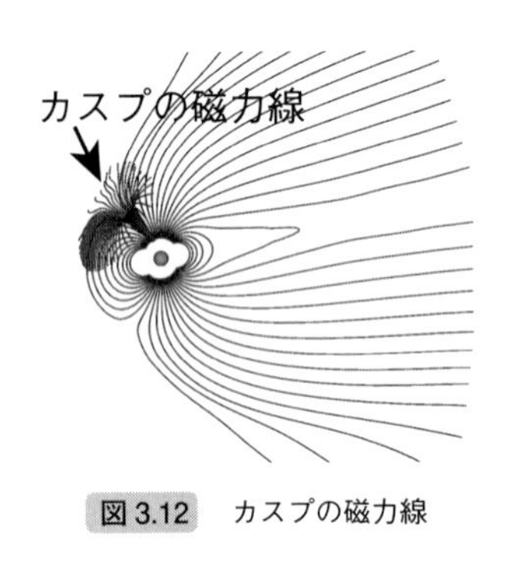

図 3.12　カスプの磁力線

といいます. 太陽風の速さは平均的には 400 km/秒ですが, 1000 km/秒を超えることもあります. この太陽風が地球の磁力線を大きく変えてしまうのです. 磁力線を見ることはできませんから, 代わりにシミュレーションを使って描いた磁力線を図 3.11 に示します. 初めは双極子型であった地球の磁力線が太陽とは反対側に吹き流されていく様子がわかります. 最終的には地球の磁場が支配する領域である磁気圏と太陽の磁場が支配する太陽圏がはっきりと区別できるようになります. 磁力線が大きく引っ張られることで磁気圏の尻尾の中心部分でプラズマシートと呼ばれる領域が現れます. プラズマシートでは数千万度の温度をもつ熱いプラズマがたまっていて, オーロラオーバルの主な原因になっています.

地球の磁場は盾のように太陽風が直接地球に侵入するのを防いでいますが, 残念なことに 2 カ所だけ磁気の「穴」が空いてしまいます. この穴のことをカスプと呼びます. 図 3.12 にカスプ周囲の磁力線を示します. この穴の周囲の磁力線は狭い領域に集中しているのがわかります. このことは太陽風からやってくる粒子がカスプという磁気の穴を通って直接的に侵入できることを意味しています. 地球に近づいた粒子はやがて厚い大気と衝突し, カスプ特有のオーロラを光らせることになります. 南極点基地ではカスプのオーロラも観測することができます. 図 3.10 のオーロラの画像のうち, 17 時（世界標準時）頃のオーロラがカスプオーロラです. 波長 630 nm の赤いオーロラが卓越し, H ベータも強く光っています．太陽風に含まれる比較的エネルギーの低い電子や陽子が，ほぼ直接的に地球に降り込んできたためだと考えられます．カスプオーロラの位置は太陽風の磁場の向きによって変わることが知られており，カスプオーロラを調べることで地球の磁場と惑星間空間磁場との相互作用を調べることができます．

3.7 オーロラオーバルとオーロラの種

ほとんどのオーロラは磁気圏を飛び交う電子が降下したことによって光ります．ここではオーロラの種について説明します．太陽風は太陽の磁力線を惑星間空間に引っ張り出します．引っ張り出された太陽の磁力線（惑星間空間磁場）が南を向くと，磁気圏の太陽側で地球の磁力線とつなぎ替わることができます．つなぎ替わった磁力線はプラズマとともに太陽とは反対方向に移動し，磁気圏の尾部でもふたたびつなぎ替えが起こります．そして磁力線はふたたび太陽側へと戻っていきます．この大循環を磁気圏対流と呼びます．北極上空から見た磁気圏対流の概略図を図 3.13 に示します．

磁気圏対流は太陽風の速度が速く惑星間空間磁場が南を向いているとき活発になります．磁気圏対流はプラズマシートに蓄えられている数千万度の温度をもつ熱いプラズマを地球の方に運びます．しかし，これ以上侵入できない限界ができます．この限界の位置を磁力線に沿って地球に投影したのがオーロラオーバルの低緯度境界だと考えられています（図 3.14）．一方，オーロラオーバルの高緯度境界は地球の磁力線が開いているところと閉じているところの境界に対応するといわれています．オーロラオーバルより緯度が高いところでは磁力線が開いていて，プラズマは逃げていきます．そのため，プラズマの密度はとても低く，オーロラの種にはなりません．オーロラオーバルはプラズマシート由来の熱いプラズ

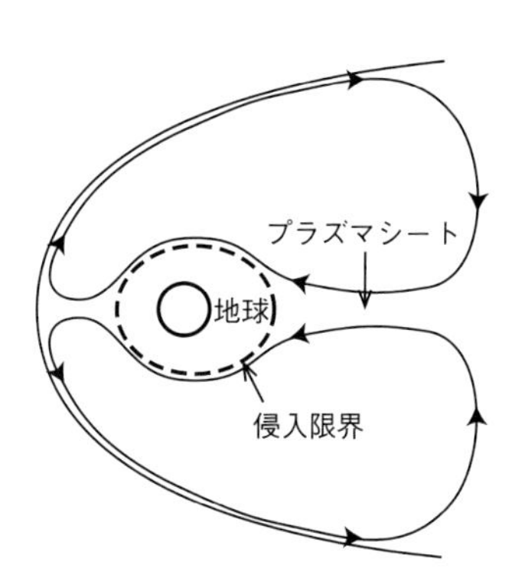

図 3.13 磁気圏対流の模式図
北極上空から見たもの．

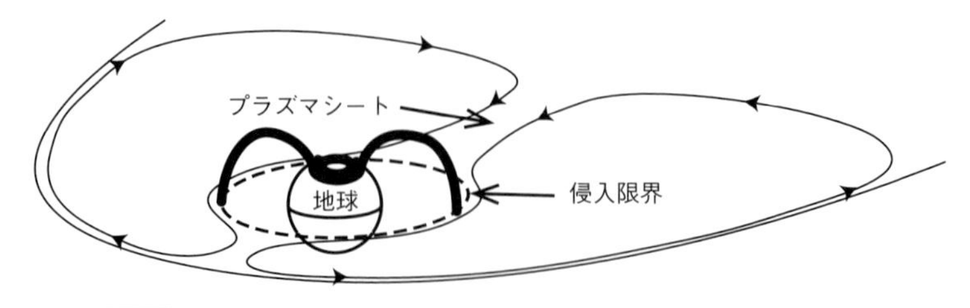

図 3.14　プラズマシートに蓄えられた粒子の侵入限界とオーロラオーバル

マ領域の投影だと大雑把にいうことができます．

太陽表面で起こる大規模な擾乱(じょう)としてフレアがあります（第1巻第4章（柴田一成）参照）．フレアが起きてコロナ質量放出として太陽の表面から吹き出したプラズマの塊は1000 km/秒を超えることもあります．このプラズマの塊が強い南向きの太陽磁場とともに地球にやってくると磁気圏対流が大きく発達します．するとプラズマシートに蓄えられていた電子がより地球近くまで運ばれ，オーロラオーバルが低緯度に下がります．同時にプラズマシートに蓄えられていたイオンも地球の近くまで運ばれ，温度が数億度近くまで上がります．このようなイオンや電子がつくる電流は赤道環電流と呼ばれていて，地磁気を数日間減少させる原因になります．この地磁気の乱れを磁気嵐と呼びます．磁気嵐のときに北海道などでオーロラが見えるというのはこのような理由によります．

オーロラオーバルの一部が突然明るく光り出し，明るいオーロラが広がるオーロラブレイクアップと呼ばれる現象があります．図3.1の左下にある写真はオーロラブレイクアップをとらえたものです．オーロラブレイクアップが起こると明るいオーロラが激しく舞い，カーテンの裾がピンク色に染まることもあります．さまざまなオーロラのなかで最も見応えのあるもので，オーロラのハイライトといえるでしょう．オーロラブレイクアップの継続時間は数十分と大変短く，見逃す可能性が大いにあります．オーロラ鑑賞旅行に出かけたときにはリアルタイムで公開されている惑星間空間磁場の向きと太陽風の速さを常に確認し，オーロラブレイクアップが発生する可能性を常に把握するとよいでしょう．惑星間空間磁場の南北成分が－3nT（ナノテスラ）以下で太陽風の速さが 400 km/秒以上の状態が 40〜60 分続くとオーロラブレイクアップが発生する確率が上がるといわれています．

3.8 オーロラの対称性

地球の磁力線は南半球から伸びて宇宙空間を経由し北半球の地面とつながります．同じ磁力線でつながった2つの地点を共役点と呼びます．電子は磁力線に沿って動きやすいという性質があるので，共役点では同じようなオーロラが現れることが期待されます．アイスランドと南極昭和基地は1本の磁力線でつながった共役点ペアで，両側で同時に観測されたオーロラの例を図 3.15 に示します．アイスランドと昭和基地は遠く離れていますが，同じような形をもつ明るいカーテン状のオーロラが現れ，同じように動いていることがわかります．しかし，このように対称性のよいオーロラがいつも観測されるとは限りません．むしろ非常に稀のようです．その理由は主に2つあります．1つは，地球の磁力線は太陽風の影響を強く受けるために，共役点は常にずれるということ．もう1つは南北で同じオーロラが現れる必然はないということです．カーテン状のオーロラは宇宙空間にある天然の電子銃から放出された電子によってつくられると説明しました．天然の電子銃は高さ数千〜数万 km にあると考えられていますので，北半球と南半球で独立した電子銃が必要です．地球の磁場

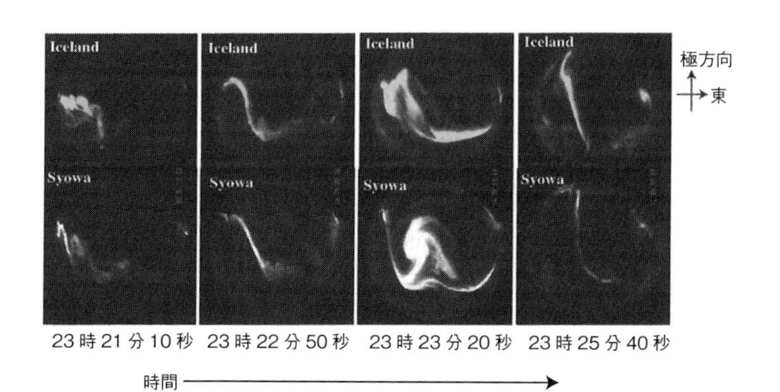

図 3.15 アイスランド（上）と南極昭和基地（下）で同時に観測したオーロラ（Sato *et al.*, 2015）

は完全に対称ではありませんし，磁軸と太陽風の向きがいつも直交しているわけではないので，南北両半球でまったく同じような電子銃が同時に現れる必然はないと考えるのが自然です．点滅を繰り返す脈動オーロラについても同じで，南北の共役点で同じような形と周期をもつパッチはほとんど見つかっていないようです．

3.9 人工的にオーロラをつくる

オーロラは宇宙空間から粒子が降り込むことで大気が光る自然現象です．人工的に粒子を降らせたらオーロラを光らせることができるのではないでしょうか．そのようなアイデアに基づき，人工オーロラをつくろうという実験が1960年代から行われました．緑や紫のオーロラが人工的に光ったという報告がありますが，肉眼で見えるほど明るくはないようです．日米の研究チームでもアメリカのスペースシャトルに電子銃を搭載し，人工オーロラをつくろうという実験を実施したことがありました．いつか，打ち上げ花火のように人工オーロラを鑑賞できる日がくるかもしれません．

3.10 日本でオーロラを見ることができるか

大きな磁気嵐が起こると普段は極地方にあるオーロラオーバルが低緯度に下がり，日本でもオーロラが見えることがあります．その多くは北の空が赤く染まったというもので，極地方で見られるカーテン状のオーロラとは異なるようです．オーロラの下の方で光る緑のオーロラは地平線より下に隠れてしまい，オーロラの上の方で光る赤いオーロラを見ていると考えられています．最近では1990年前後や2001年前後に北海道を中心に日本各地でオーロラが報告されました．1990年前後や2001年前後というのは11年周期といわれる太陽活動の極大期に対応し，大フレアとそれにともなう大磁気嵐が頻発していました．一般に日本で見えるオーロラは暗いのですが，1958年に北日本を中心に各地で見ることができたオーロラはとても明るかったようです．

3.11 古文献のなかのオーロラ（赤気）

古文献のなかにはオーロラと思われる記述が見つかることがあります（本巻コラム（p.143 参照））．日本や中国では赤気という名で登場し，火事のように明るかったことや白い筋がたちのぼったという記述があります．広い範囲でほぼ同時に目撃されていることから火事のような局所的な事象ではなくオーロラであると判断できる記述も多くあります．たとえば，1770 年 9 月には北は松前藩から南は薩摩藩までの日本の各地で，そして中国大陸の各地でも赤気が記録されました．早川らの調査によると，このときのオーロラは手もとの文字が読めるくらい明るかったようです（Hayakawa *et al.*, 2017）．ここ数十年間に日本で見えたオーロラは肉眼で見えるか見えないか程度の明るさだったことと比べると，その異常さがわかります．文字だけでなく絵画も残っています．現存する当時の絵画には地平線から赤い光が空高くのぼっている様子が描かれています．詳細はコラムで紹介するとして，ここではこのときの異常性について述べます．

日本で見ることができるオーロラは，オーロラの下の方で光っている緑のオーロラが地平線以下に隠れてしまうため，上の方の赤のオーロラのみが見えていると説明されています．海老原らはオーロラの発光分布を計算し，当時のオーロラの再現を試みました（Ebihara *et al.*, 2017）．下の方に現れる緑のオーロラを地平線以下に隠そうとすると背の高い赤いオーロラを説明することができず，上から下まで全身が赤いオーロラでなければ古文献にある記述と絵画を説明できないことがわかりました．オーロラ発光シミュレーションを使って推定した当時のオーロラオーバルの位置を図 3.16 に示します．北海道がオーロラオーバルに完全に覆われていることがわかります．オーロラオーバルの位置からプラズマシートの侵入限界を推定すると，なんと赤道上空 2500 km の高さまで迫っていました．静穏時には 3 万～4 万 km の高さにあることと比べるといかに異常かわかります．1770 年 9 月以外にもこのような異常な低緯度オーロラは古文献のなかに多く見つかっています．

巨大な磁気嵐が起こると地面に誘導電流が流れ，停電が起こることがありま

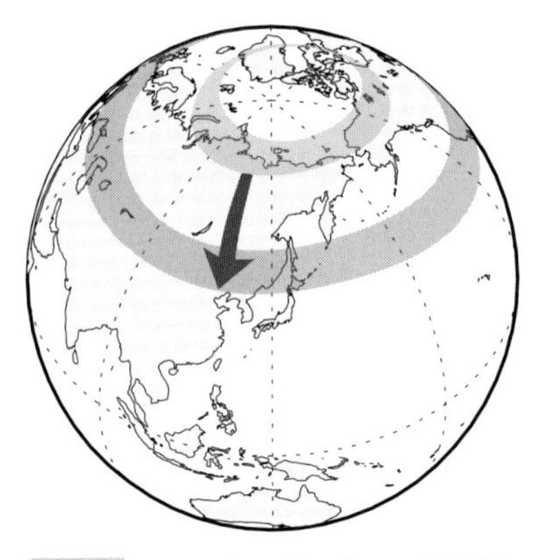

図 3.16 1770 年 9 月のオーロラ記録とシミュレーションに基づき描いたオーロラオーバルの想像図

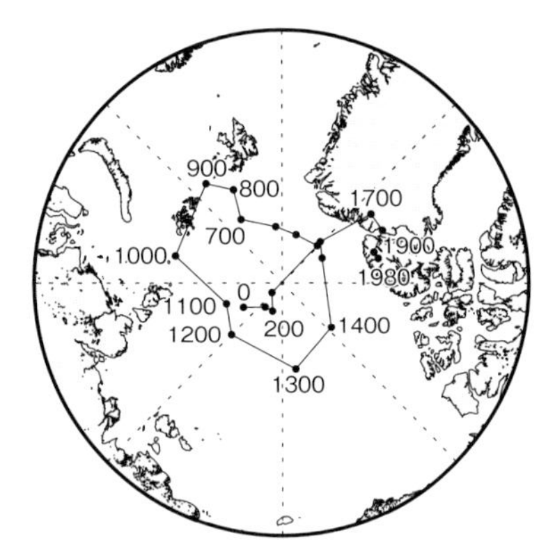

図 3.17 地磁気極の位置(Merrill and McElhinny, 1988 のモデルによる)
地図上の数字は西暦を表します.

す. 実際にカナダやスウェーデンで磁気嵐にともなう大規模な停電が起きています. そのため, 巨大磁気嵐の発生頻度を知ることは大切です. しかし, 近代的な地磁気の測定が始まったのは約 200 年前で, それ以前に巨大な磁気嵐がどのくらいの頻度で起きていたのかわかりません. オーロラオーバルの位置と磁気嵐の規模がよい関係にあるので, 過去のオーロラの記録を調べることで巨大な磁気嵐の発生頻度を推定することができそうです.

3.12 オーロラの未来

地球は変わり続けています. そして地磁気も変わり続けています. その一例を紹介します. 地球の磁場を 1 本の棒磁石と見立て, その軸が地表と交わる点を地磁気極といいます. 現在, 地磁気極はグリーンランドの北方にある北極海にあります. 地磁気極は日本から見ると地理的な北極点の向こう側にありますので, 日本の磁気緯度は地理緯度より 10 度近く低くなります. 日本は地理緯度のわりにはオーロラオーバルから離れているため, オーロラを見る上で損しています. 図 3.17 に地磁気極の位置を示します. 地球が誕生してから約 46 億年経ちましたが, 地磁気極は 100 年という非常に速い時間スケールで移動していることがわかります．西暦1000年から1300年にかけて，地磁気極は地理的な北極点から東アジアの方向にずれたところにあったようでした．このとき東アジアではオーロラオーバルに比較的近かったようで，中国で多くのオーロラの報告がなされています（Hayakawa *et al*., 2015）．今後，どのように磁極が動くのでしょうか．それは誰にもわかりません．ふたたび東アジアの方に地磁気極が移動したら，日本でオーロラがよく見られるようになるかもしれません．

地磁気の強さも変わり続けています．たとえば，地球磁場の棒磁石の強さはこの2000年間で急速に減っています．精密な地球磁場モデルによると過去100年間に約5.5%も減っており，その減少率は1970年代からいっそう大きくなっているようです．このまま減り続けると，あと1000年ほどで棒磁石の成分がなくなってしまう計算になります．地球磁場が弱まるとオーロラはどうなるのでしょうか．シミュレーションによると，オーロラオーバルは今とは大きく形を変えるという指摘がありますが，詳しいことはよくわかっていません．また，地球の磁場が弱まると，宇宙線など生物に有害な粒子が地表に降り注ぎやすくなるという問題があります．生物の絶滅や進化だけでなく，気候変動にも影響を及ぼすという指摘があり，私たちの環境が大きく変わる可能性があります．地球の磁場を人為的に変えることはできませんから，変わりゆく地球を受け入れ，新しい環境に順応するしかありません．私たちは宇宙のなかに浮かぶ地球の上で暮らしています．人類の安定的な発展のため，宇宙と地球と共存するための知恵を絞り，今から対策を練り始めるべきかもしれません．

引用文献

Borovsky, Joseph E.: Auroral arc thicknesses as predicted by various theories. *Journal of Geophysical Research*, **98**: 6101–6138, 1993.

Ebihara, Yusuke *et al.*：Reimei observation of highly structured auroras caused by nonaccelerated electrons. *Journal of Geophysical Research – Space Physics*, **115**, A08320, 2010.

Ebihara, Yusuke *et al.*：Possible cause of extremely bright aurora witnessed in East Asia on 17 September 1770. *Space Weather*, **15**: 1373–1382, 2017.

Fukuda, Yoko *et al.*: First evidence of patchy flickering aurora modulated by multi-ion electromagnetic ion cyclotron waves. *Geophysical Research Letters*, **44**: 3963–3970,

2017.
Hayakawa, Hisashi *et al.*：Records of sunspot and aurora during CE 960–1279 in the Chinese chronicle of the Sòng dynasty. *Earth, Planets and Space*, **67**（82）, 2015.
Hayakawa, Hisashi *et al.*：Long-lasting extreme magnetic storm activities in 1770 found in historical documents. *Astrophysical Journal Letters*, **850**（L31）, 2017.
Maggs, James. E. and T. Neil Davis.: Measurements of the thicknesses of auroral structures. *Planetary and Space Science*, **16**: 205–206, 1968.
Merrill, Ronald. T. and Michael W. McElhinny: *The Earth's Magnetic Field: Its History, Origin and Planetary Perspective*, Cambridge University Press, 1988.
Sato, Natsuo *et al.*：Interhemispheric symmetries and asymmetries of aurora from ground-based conjugate observations, In *Auroral Dynamics and Space Weather. Geophysical Monograph Series*, 2015.
Semeter, Joshua *et al.*: Wave dispersion and the discrete aurora: New constraints derived from high-speed imagery. *Journal of Geophysical Research – Space Physics*, **113**: A12208, 2008.

参考文献：初心者向け

赤祖父俊一：オーロラ―その謎と魅力，岩波新書，2002.
片岡龍峰：オーロラ！（岩波科学ライブラリー），岩波書店，2015.
上出洋介：オーロラを追いかけて，情報センター出版局，1992.
上出洋介：オーロラの科学―人はなぜオーロラにひかれるのか，誠文堂新光社，2010.

参考文献：中・上級者向け

國分　征：太陽地球系物理学，名古屋大学出版会，2010.
柴田一成・上出洋介（編）：総説　宇宙天気，京都大学学術出版会，2011.
地球電磁気・地球惑星圏学会 学校教育ワーキング・グループ（編）：太陽地球系科学，京都大学学術出版会，2010.
Russell, C. T. *et al.*: *Space Physics: An Introduction*, Cambridge University Press, 2016.

chapter 4

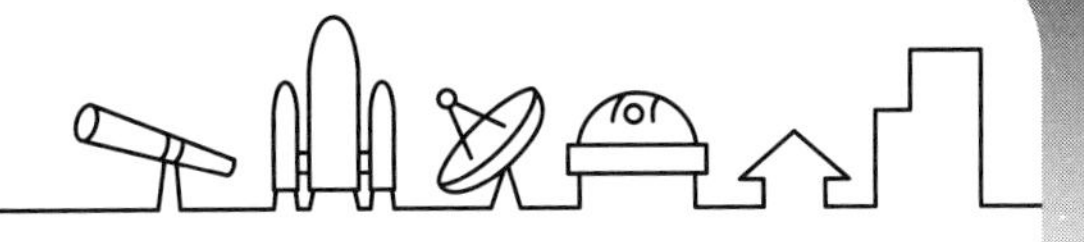

宇宙の覗き方（京都大学 3.8 m 望遠鏡）

栗田光樹夫・荻野　司

2018 年，東アジア最大の京都大学岡山天文台 3.8 m 望遠鏡（愛称：せいめい望遠鏡）が観測を開始しました．せいめい望遠鏡の鏡は日本初の分割鏡で，星からの光を集める主鏡が 1 枚の鏡ではなく，18 枚の独立した鏡からなります．従来の 1 枚の鏡では直径 8 m 程度が限界ですが，この分割鏡の技術はさらに大きな望遠鏡を実現する夢の技術です．しかし，ばらばらの 18 枚の鏡を常に正しい位置に保持しなくてはきれいな天体の画像を得ることはできません．そのために，鏡同士の位置を計測するセンサや正しい位置に鏡を動かすアクチュエータなどの開発を行いました．せいめい望遠鏡のプロジェクトでは，このほかにも鏡を製作する超精密な加工と計測技術，いち早く突発天体を観測するための軽くて強い構造を実現する技術など，多くの独自技術が開発されました．ここではせいめい望遠鏡のために開発された多くの新技術を解説します．

4.1 望遠鏡

4.1.1 望遠鏡の役割

はじめに，京都大学大学院理学研究科附属天文台および宇宙物理学教室が中心となって岡山県浅口市に建設したせいめい望遠鏡を例にとって望遠鏡のしくみを説明します．図 4.1 がせいめい望遠鏡です．せいめい望遠鏡は経緯台式・反射望遠鏡という方式の望遠鏡です．経緯台は水平回転の方位軸と垂直回転の高度軸の 2 つの軸で望遠鏡を動かします．サーボモータとコンピュータの発達により，現在つくられる大型の望遠鏡はすべて経緯台です．これに対して赤道儀という方式が古くからありますが，これはアマチュアの方々が使用する小ぶりの望遠鏡によく使われます．

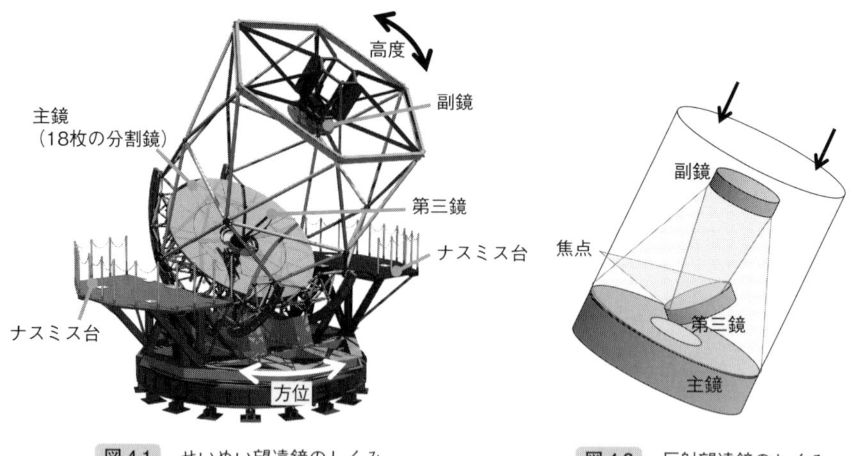

図 4.1　せいめい望遠鏡のしくみ

図 4.2　反射望遠鏡のしくみ

反射望遠鏡は文字どおり光を反射して焦点に光を集めるので，お椀のような形をした鏡が必要になります．それが主鏡です．これに対し，屈折望遠鏡があるのですが，こちらは双眼鏡やカメラのレンズなどなじみのあるレンズを用いて光を曲げて集める方式です．ガリレオが最初につくった天体望遠鏡は屈折望遠鏡で，その後ニュートンが反射望遠鏡をつくりました（第 1 章参照）．反射望遠鏡の方がさまざまな点で優れているのですが，鏡をつくるのが大変だったため，200 年ほど前までは反射望遠鏡はほとんどつくられませんでした．しかし，現在つくられる望遠鏡の多くが反射望遠鏡です．とくに先述の経緯台と反射鏡の 2 つの方式は望遠鏡の大型化に不可欠な技術でした．

それではつぎに図 4.2 を見てください．せいめい望遠鏡では凹面の主鏡によって集められた光が副鏡で折り返されます．通常この副鏡は凸面形状をしています．副鏡で反射された光は平面の第三鏡に反射し主鏡の横に焦点を結びます．図 4.1 にあるナスミス台にはカメラや分光器などの観測装置が置かれ，光を装置内に取り込みます．このようにわざわざ 3 枚もの鏡を使うのは大きな観測装置を用いるときに都合がいいからです．さて，つぎに望遠鏡の重要性を説明します．望遠鏡の役割は主に 3 つあり，①小さなものを大きくして見ること（拡大），②より暗いものを明るく見ること，③より細かなものを見ること（分解）です．とくに②と③はとても大切な機能です（図 4.3 参照）．拡大と分解は

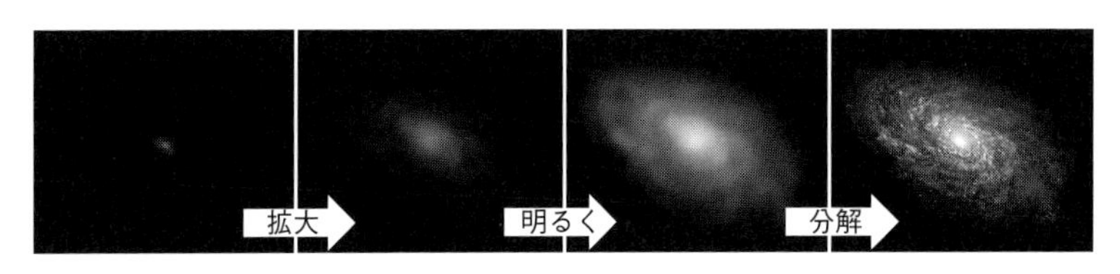

図 4.3　望遠鏡の役割（NASA）

似ているようで違います．ボケている画像をコピー機で拡大複写しても細かな様子は見えませんよね．さて，ここで重要なのは光を集めるための反射鏡です．この反射鏡が大きいほど暗い天体の細かな様子を見ることができます．たとえば，ヒトの目にある水晶体と呼ばれるレンズの口径（鏡の直径）は 7 mm ほどです．これに対し，口径 3.8 m の望遠鏡は直径でおよそ 600 倍，面積で 36 万倍あるので，ヒトよりも 600 倍細かく，36 万倍暗いものを見ることができます（天体観測では CCD などを用いて長い露出時間で観測するため，さらにより暗いものを観測できます）．つまり，望遠鏡の鏡が大きければ大きいほど優れた望遠鏡といえます．

現在世界最大の望遠鏡は口径 10 m のケック（Keck）望遠鏡（米国：ハワイ）などです．日本が有する最大の望遠鏡は口径 8.2 m のすばる望遠鏡（米国：ハワイ）で，国内では口径 2 m のなゆた望遠鏡（兵庫県）となります．せいめい望遠鏡は口径 3.8 m で，国内だけでなく東アジア地域でも最大級の望遠鏡です．つぎにせいめい望遠鏡の鏡と架台の開発を中心に詳しく説明します．

4.2　鏡づくり

鏡は望遠鏡にとって命ともいえる部品です．鏡を滑らかかつ正確につくることができなければ，鏡で反射した光はあちこちに散らかってしまい，正しい天体の像を結んでくれません．この鏡に許容されるデコボコはわずか 30 nm ほど（10 万分の 3 mm!）です．

4.2.1　鏡の材料

望遠鏡の鏡は理想的な形を保たなくてはいけません．その大敵が重力による変形に加えて温度変化による熱変形です．身のまわりにある鉄などの金属はかたく，変形しないように見えます．しかし，長さ1 mの鉄は1度変化するとおよそ10 μm（100分の1 mm）長さが変わります．この10 μmという変形自体は大変小さいのですが，望遠鏡の鏡にとっては必要な精度の1000倍もの変形なので重大です．せいめい望遠鏡では温度変形がまったくない（株）オハラ製のクリアセラム-Zを用いています．

● 4.2.2 研　削

望遠鏡の鏡は研磨によってつくられます．研磨は大変小さな粒子と水を鏡にこすりつけることで少しずつ鏡をすり減らしていきます．したがって，大きな板のような材料を凹面にするには長い時間がかかってしまいます．一方，研削と呼ばれる方法があります．これは固い砥石で鏡を削っていく方法です．研削は加工スピードがたいへん速いのですが，研磨ほど高い精度を実現できない加工方法です．しかし，せいめい望遠鏡では日本が誇る精密加工技術をふんだんに応用することを掲げ，岐阜県にある精密研削加工機メーカーの（株）ナガセインテグレックスに望遠鏡の鏡を削るための専用の機械を開発してもらい，同時に設立したナノオプトニクス研究所（現（有）アストロエアロスペース）で鏡加工を開始しました．この加工機の研削精度は従来の研削加工機より10倍優れ，1 mほどある鏡を1 μmの精度で高速に削ることを実現しました．これで大きな面積の鏡を加工する時間を大幅に節約できる技術が確立しました．

ただ，研削加工では研磨加工と異なる大きな問題が1つあります．研削加工では砥石が鏡にぶつかった場所が削れます．ナノメートルレベルの精度で位置を制御された砥石が鏡を削る，それが研削加工なのです．そのため，削るときの力で鏡がずれないようにしっかりと鏡を固定する必要があります．しかし，もし鏡の裏面や鏡を支えるテーブルがゆがんでいたら，鏡をテーブルに接着剤で固定したときに無理やり鏡をゆがめることになります．この状態で正しい形に鏡を削れたとしても，テーブルから鏡を外すと鏡はもとの形に戻り，結果的にせっかく正しく削った鏡はゆがんでしまいます（図4.4参照）．

そこで私たちは，鏡をがっちりと固定するのではなく，わずか3カ所で支えることにしました．3カ所で支えれば，鏡の裏面が多少デコボコしていても，

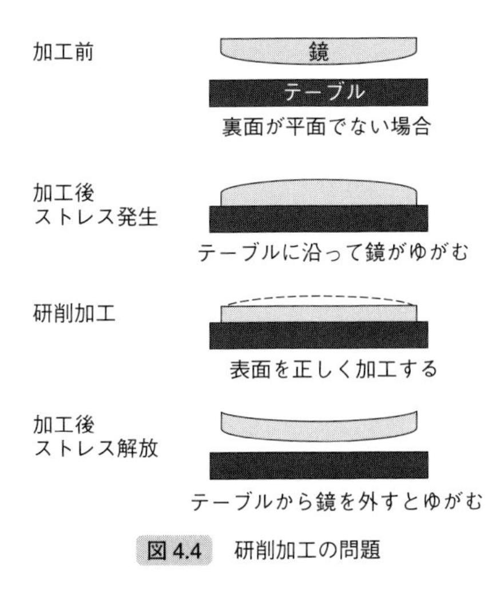

図 4.4 研削加工の問題

鏡は傾きますが，ゆがむことはありません．このように支えられた鏡を砥石で削ります．その力は大きいため，鏡は砥石から逃げるようにゆがんでしまいます．しかし，この削るときの力と鏡のゆがむ量をあらかじめ計算し，予測することができれば，ゆがむ量を考慮した加工ができます．こうすることで私たちは薄く，やわらかい鏡に対しても 1 μm の加工技術を確立しました．

4.2.3 計　測

a. 干渉計

鏡を正確につくるには加工だけでなく鏡の形を計測する技術も必要です．そのために，私たちは干渉計という計測装置を開発し，鏡の加工機の上に設置しました．望遠鏡の一番大きな鏡は，天体からやってきた光を集めるためにほぼ球面の凹面です．この球面の中心付近から出た光は鏡で反射し，ふたたび球の中心に戻ってきます．ここにカメラを置いて戻ってきた光を観察します．せいめい望遠鏡の鏡の半径は 10 m にもなるので，加工機の上に 10 m のタワーを建設し，干渉計を置きました．

干渉計の原理は複雑なのですが，波を用いて説明したいと思います．水面に小さな石を投げたときのことを思い出してください．図 4.5A）のように，きれいな同心円状の波が広がっていきます．波紋の先にちょうど波紋と同じ形の壁があると，波は壁で反射して図 4.5B）のように，ふたたび石が落ちた位置に戻ります．光も波の性質をもっているので，球の中心に小さな光源とカメラを置き，正しい位置に球面の鏡を置けば，光が戻ってくる様子を観察できます．

つぎに鏡の形の測り方を説明します．まず，図 4.5C）を見てください．この図は鏡のある部分を拡大したものです．反射した光が鏡の段差のせいで山と山がずれています．このずれが図 4.5C）のようにたまたま山と谷が重なると

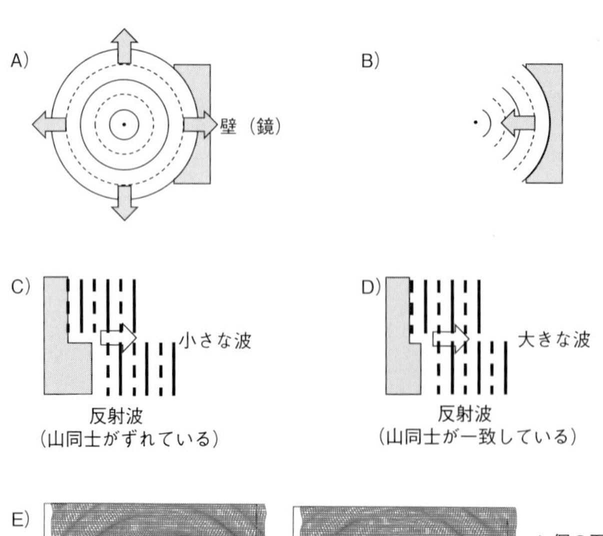

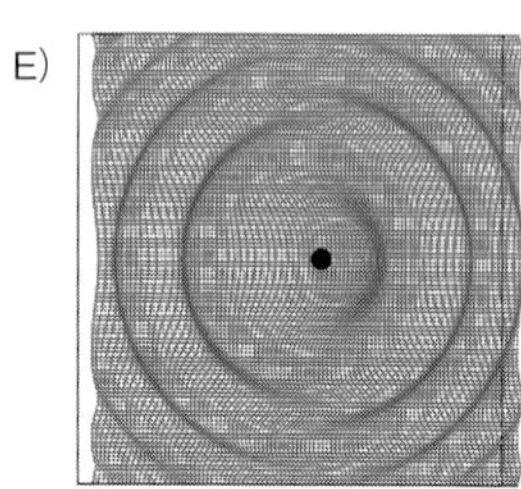

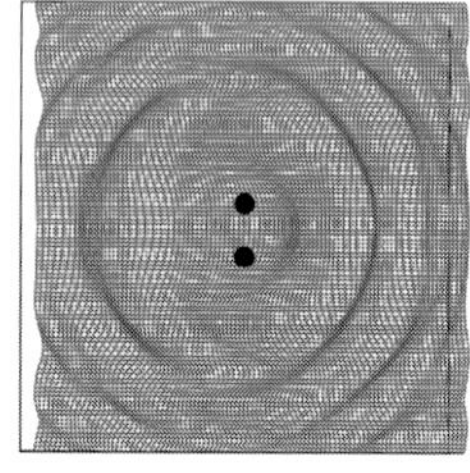

1 個の石による波紋(左)と 2 個の石による波紋(右).●は石の落ちた位置. 複数の石(波の元)を使うとさまざまな形の波紋をつくることができる.

図 4.5 波と干渉計

きは，その重なった場所では光は弱め合います．これが波の干渉という現象です．図 4.5D）のようにちょうどぴったり重なったときは逆に強め合います．鏡の段差の大きさに応じて干渉の具合が変わることがわかると思います．このようにして光を反射させることで鏡の形を調べることができます．同時に鏡面全体を照らし，各位置での基準からの差を得ることで鏡面全体の形状を瞬時に得ることができます．

この方法で重要なのは，計測したい鏡面の形状にあった光の山（谷）をいかにつくるかです．せいめい望遠鏡の鏡は球面に近いのですが，残念ながら少しずれた形（非球面）をしています．波紋が球面の壁に反射したときは，正しく 1 点に戻ってきますが，もし壁の形が球面でなければ，反射した波同士はあちこちに反射してしまい効率よく干渉しません．つまり測りたい鏡の形にあった波紋をつくってあげる必要があります．たとえば，図 4.5E）を見てください．小石を 1 つ投げればきれいな円弧状の波紋ができますが，2 個投げると円弧からずれた波紋ができます．このように上手に波紋をつくってあげれば，測りたい鏡の形にあった波（光）をつくれます．そこで，私たちは CGH（computer generated hologram）という特殊な素子を特別につくって，鏡の形状を測りました．

b. 3 点法

干渉計は光が戻ってくる凹面鏡にはたいへん優れた計測方法ですが，凸面鏡では光が戻ってこないため，計測が困難となります（図 4.6 参照）．そこで私たちは別の計測方法を開発しました．この方法は図 4.7 に示すように，鏡面までの距離を測ることができるセンサを 3 つ用意し，その位置での鏡面の曲率（曲がり具合）を計測します．センサを横に順にずらしていけば，鏡面上のすべての場所での曲率を計測することができます．実際に使うときはセンサが走った線に沿った鏡面の断面形状を得ることができます．さまざまな方向から鏡面の断面を計測し，鏡面全体の形状を計測できます．この方法の優れている点は，干渉計と異なり，さまざまな形状の面を計測でき，しかも計測装置がたいへんコンパクトな点です．

しかしながら，このような単純な方法がこれまで鏡計測に使われてこなかった理由があります．それはこの方法だとセンサにわずかな誤差があるだけで，最終的に得られる結果が大きな誤差をもつためです．その様子を図 4.8A）に示します．この図は平面上を網目のように計測したときに予測される計測誤差をシミュレーションしたものです．計測誤差により計測したデータ同士は交点で互いに矛盾した「ねじれ」の状態です（片方の線がもう片方に載った状態で

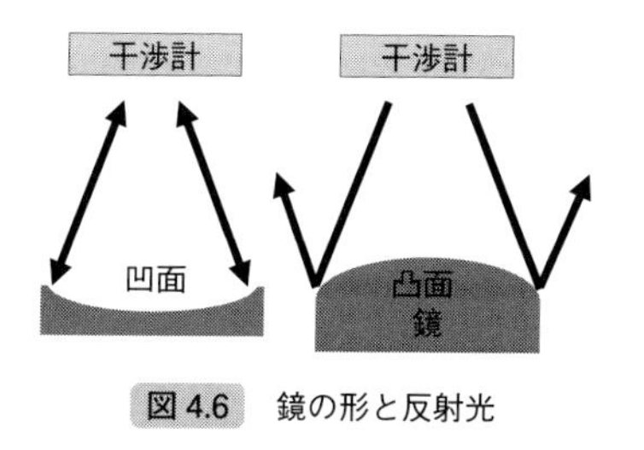

図 4.6　鏡の形と反射光

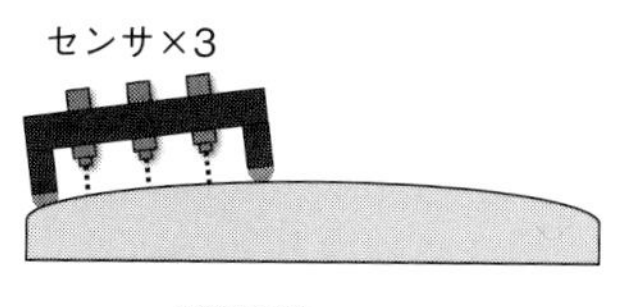

図 4.7　3 点法

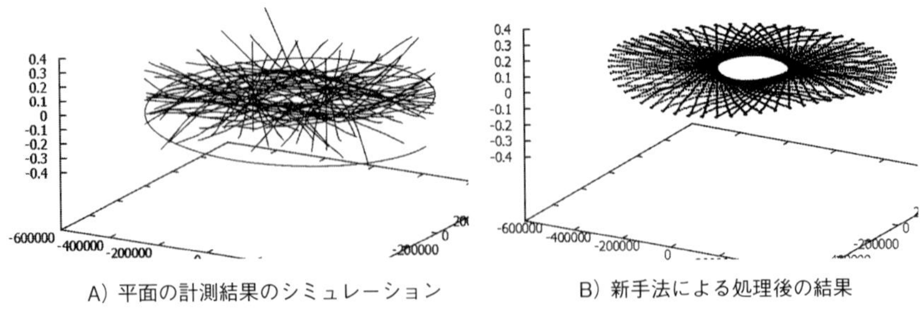

A) 平面の計測結果のシミュレーション　　B) 新手法による処理後の結果

図 4.8　しなやかなデータ処理方法

あれば「交わり」の位置関係です). これではどちらの結果を信じていいのかわかりません. そこで私たちは新しい処理方法を考案しました.

この方法ではデータはしなやかに変形していいものとしました. まるで竹ひごのようなイメージです. たとえば, 100 本の断面形状が得られたとします. それと同じ形の 100 本の竹ひごを用意します. それを図 4.8A) のように並べてみます. もちろん, これだけでは竹ひご同士は図 4.8A) と同じようにねじれの状態です. 本来は交点において互いの計測結果は同じ値であるはずなので交わらなければいけません. そこで, 交点で竹ひご同士をヒモで結んでいきます. こうすれば強制的に竹ひごは交点で交わる (値が一致する) ことができます. 竹ひごはやわらかいので, こうしてすべての交点で竹ひご同士を結びつけることができます. つまり計測した結果はしなやかに変化し, 滑らかな面を生成します. これは決して人間が勝手に好きなように竹ひごをゆがめたのではなく, 交点で竹ひご同士を結びつけただけです. その結果は竹ひご同士が自然と変形し別の結果を出力するのです. その結果を図 4.8B) に示します. 誤差をもつ結果が真値の平面に近づくことを確認することができました. こうして, 鏡の形状を数十 nm の精度で計測する技術を確立しました.

4.2.4　分割鏡技術

望遠鏡の鏡は大きいほど優れるのですが, 大きくなると当然鏡は重たくなるため, できるだけ薄くつくる必要があります. しかし, 薄くするとせっかくきれいにつくった鏡がゆがみやすくなります. 実は世界最大の鏡は大型双眼望遠鏡（米国）の 8.4 m です．おそらくこれ以上大きな鏡を今後，人類はつくらないのではないでしょうか．理由は大きな 1 枚の鏡は，ゆがみやすく，重いことに加えて，運べない，などといった意外な点にあります．さきほど紹介した世界最大の口径 10 m の Keck 望遠鏡は大きさ 1.8 m ほどの六角形の鏡を 36 枚敷き詰めてつくられました．これなら 1 枚の鏡は数百 kg で，薄くつくっても安心ですし，簡単に運ぶことができます．

しかし，ここで1つ大きな問題があります．望遠鏡の鏡は 30 nm 程度の精度でつくる必要があります．1 枚ずつばらばらの鏡では滑らかな鏡面を得ることはとても大変です．より細かなものまで見ようとしたときは鏡同士の段差も 30 nm レベルであわせる技術が必要になります．せいめい望遠鏡は国内で初めて，世界でも 2 例目となる鏡の段差まであわせる分割鏡技術に挑戦しました．

望遠鏡は空のさまざまな方向を観測するので重力によって変形します．また，屋外で使用するため気温変化で鏡を支える土台が変形しますし，風によって鏡は揺すられます．このような原因によって段差に要求される精度の 30 nm の 1000 倍から 1 万倍も鏡はずれてしまいます．つまり，架台に分割鏡を固定しただけでは使い物になりません．そこで，ずれた鏡を正しい位置に戻してあげる技術が必要になります．分割鏡技術の概略図を図 4.9 に示します．分割鏡は支持機構を介して 1 枚あたり 3 個のアクチュエータによって支えられます．アクチュエータは鏡を矢印の光軸方向に押したり引いたりすることができま

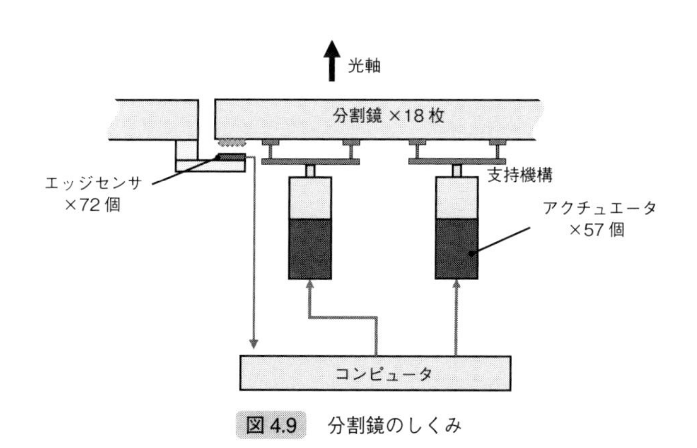

図 4.9　分割鏡のしくみ

す．このアクチュエータによって鏡は常に正しい位置に保持されます．支持機構は鏡が横ずれをしないように支えます．隣り合った分割鏡の境界にはエッジセンサと呼ばれる鏡同士の段差を検出するセンサが取りつけられます．鏡同士の境界に2個ずつセンサを取りつけるため，全体で72個のセンサが取りつけられます．分割鏡が何らかの原因でずれたとき，エッジセンサが鏡の段差を瞬時に計測し，その情報をコンピュータに送ります．コンピュータはどのアクチュエータをどれだけ動かせば適切な鏡の状態になるかを計算し，アクチュエータに駆動指令を送ります．この「鏡がずれる」→「直す」を観測中休むことなく1秒間に10回以上の速さで繰り返します．せいめい望遠鏡ではエッジセンサも含めてすべて新たに開発しました．

4.3 鏡筒・架台

望遠鏡の架台の役割は大きな鏡をゆがめないように支え，すばやく正確に鏡を天体の方向に向けることです．せいめい望遠鏡の鏡は通常の望遠鏡に比べてたいへん軽いのですが，それでも1.5 t以上あります．図4.2に示した鏡たちを支える部分を鏡筒と呼びます．せいめい望遠鏡のクラスになると鏡筒は数十tにもなります．架台はこの鏡筒を0.2秒角の精度で目標の天体に向ける必要があります．この精度が悪いとカメラで撮った写真が手振れでボケたようになります．0.2秒角という角度は5 km先にある5円玉の穴のみかけの大きさに相当します．さらに星は日周運動します．望遠鏡は正確に星を追いかけなくてはいけません．つまり，望遠鏡の架台は，重さ数十tの鏡筒を背負って，5 km先をコロコロ転がる5円玉の穴にレーザーポインターを当て続けるようなことをしているのです．

せいめい望遠鏡のねらいは，宇宙でいつどことなく突然起こる星の爆発現象などを捕らえることです．そのためには鏡筒をできるだけ軽くしてすばやく天体の方向に向ける即応性が求められます．しかし，鏡筒を軽くつくることと鏡を正確に支えることは相反する要求です．正確に支えようとすると，どうしても鏡筒は頑丈で重たい構造になってしまいます．

4.3.1　軽量化と遺伝的アルゴリズム

そこでせいめい望遠鏡では名古屋大学の大森博司教授らの技術を用いて鏡筒の軽量化を行いました．この技術は遺伝的アルゴリズムというものです．このアルゴリズムは相反する目的の両方をねらった答えを探します．実際は，遊びにしても勉強にしても時間を費やせば満足できるかというとそうではなく，そのやり方がよく工夫されていれば，大きな効果を期待できます．遺伝的アルゴリズムではこの「やり方」を遺伝的に探します．

生命が進化するのに必要なものは遺伝子です．子どもの遺伝子は両親の片方と同じではなく，交配によって双方の遺伝子をもつことになります．こうすることで親とは少し違った子が生まれます．うまくいけば親よりも優れた遺伝子をもつことも可能です．また生命が生きていくには環境の制約を大きく受けます．生物の世界では制限された環境のなかでより強いものが生き残り，遺伝子を残すようなしくみがはたらいています．しかし，そうだとすると環境に最も適応した生物だけが跋扈する世界が構築されそうです．もしそのようなときに環境変動などが起きるとその種は全滅し，地球から生命が消えてしまうかもしれません．実際の自然界はそのようにはなっておらず，多種多様な種が存在します．これは（突然）変異とも関連があります．生物はいつも正しく両親からの遺伝子を受け継ぐだけでなく，ときおり放射線（高エネルギーな電磁波や電子など．地球上だけでなく宇宙からも到来する）が遺伝子に当たり，一部の遺伝子が書き換えられることがあります．その結果，両親とは異なる子どもが生まれることがあり，これは種の多様性を導きます．このような生命の進化を鏡筒という構造物にあてはめ，より優れた鏡筒をコンピュータのなかで進化させるのです．具体的には以下のような流れとなります．

①技術者が最初の鏡筒の設計図をつくる（その設計図を父親としましょう）．
②その設計図と少し違った鏡筒を（突然）変異によりつくる（その設計図を母親としましょう）．
③父親と母親の設計図から，それらをかけ合わせた設計図を複数つくる（交配）．かけ合わせる比率はコンピュータがランダムに決める．同時に（突然）変異もランダムに加える（こうしてできた設計図を子どもとしましょう）．

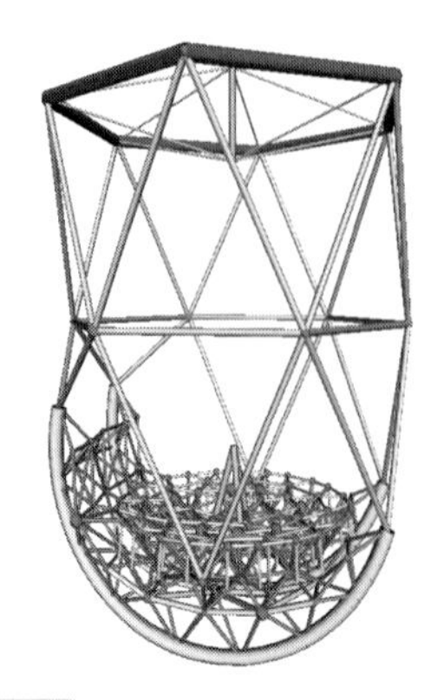
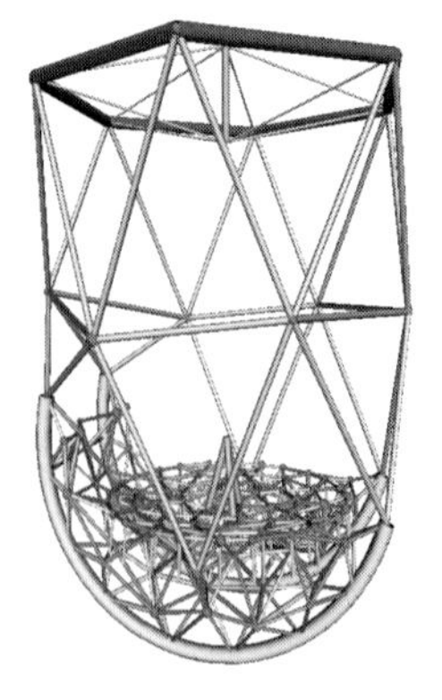

図 4.10　鏡筒構造の進化の様子（2008 年度名古屋大学大学院環境学研究科修士論文（薫田匡史）より）

④子どものうち，より軽くかたい構造（評価関数）を選んで（選択），それを親として次の子どもの設計図をつくる．

以上の交配，変異，評価，選択をアルゴリズム化して反復計算することで，徐々に優れた鏡筒の設計図がコンピュータのなかで自動的につくられていきます．その際に，好き勝手に（突然）変異が許されるかというとそうではなく，たとえば，材料は鉄のみであるとか，光路中を遮るような部品があってはいけない，などといった環境条件を決めておきます．また実際の交配や（突然）変異の方法も生命そっくりです．コンピュータのなかではすべての情報が 0 と 1 で扱われます．これが 2 進数です．たとえば「Hello」は 2 進数で「010010000110010101101100011011000110 1111」となります．鏡筒の設計図もこれと同じように 0 と 1 でできた遺伝子のリボンになります．これらを適当なところで切り貼りすれば交配になり，ランダムに書き換えれば（突然）変異となります．こうしてでき上がった鏡筒のモデルを図 4.10 に示します．進化（最適化）の結果，400 kg の軽量化と仕様を満たすかたさの両方を実現しました．

以上のように，せいめい望遠鏡では国内初，世界でも 2 例目となる分割式望遠鏡技術の獲得のために，さまざまな要素技術の開発を行ってきました．これらの技術は，さらなる大型望遠鏡実現のために必須の技術となると同時に，海外の研究機関からも注目されています．また，天体観測だけでなくさまざまな産業応用への扉も開くでしょう．この点については次節で詳しく解説していきます．

4.4 大型光赤外望遠鏡技術開発と産業応用

望遠鏡は，1608年オランダのリッペルハイによる光を集める部分にレンズを用いた屈折望遠鏡が最初の発明だといわれています．その後，1609年にガリレオにより凸レンズと凹レンズを組み合わせたガリレオ式望遠鏡，同時期にケプラーにより凸レンズを2個使ったケプラー式望遠鏡が考案されました．世界最初の株式会社であるオランダの東インド会社が1602年に設立された時期ですから，望遠鏡は，主に遠くを見るために航海や軍事に利用されていたと思われます．その後，より遠くを明るく観測するために大きな口径の望遠鏡が製作され，現在は10 mクラスが世界に多くあります．また，可視光線だけでなく，赤外線や電波，X線を用いた望遠鏡も製作されています（図4.11）．日本の国立天文台がハワイに建設した天文台には，口径が8.2 mのすばる望遠鏡（光学赤外線望遠鏡）があり，目に見える可視光線と赤外線で宇宙を観測しています．

さて，京都大学が岡山県に建設した望遠鏡は，10 mクラスに比べれば小さい3.8 mの口径の望遠鏡ですが，東アジアで一番大きな光学赤外線望遠鏡です．この望遠鏡は，一枚鏡ではなく，18枚の鏡を組み合わせた分割鏡（図

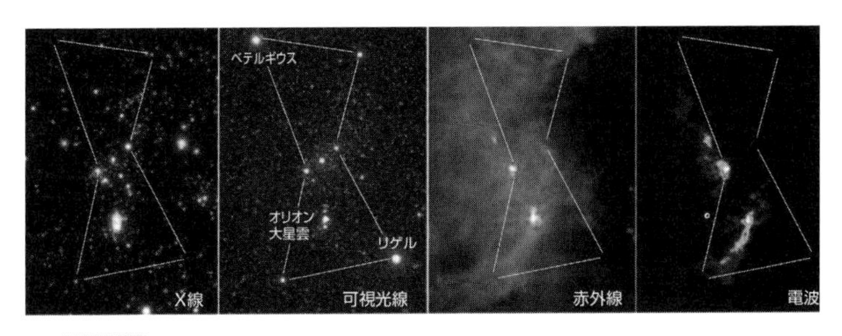

図4.11　さまざまな望遠鏡によるオリオン座の画像（文部科学省「一家に1枚天体望遠鏡400年」ポスターより）

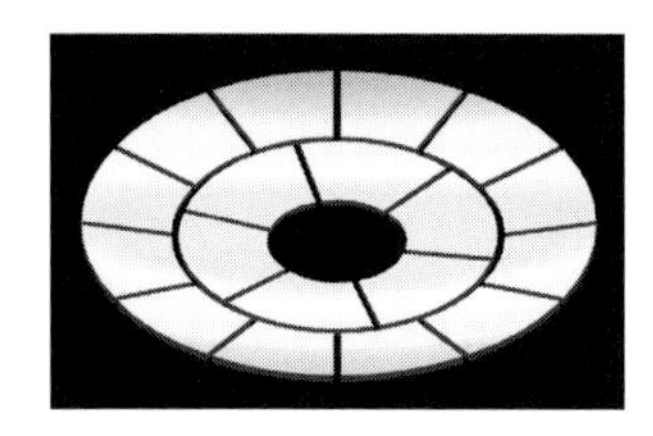

図 4.12　3.8 m 望遠鏡主鏡部
内周 6 枚，外周 12 枚の分割鏡が並んでいます．

4.12）で，鏡製作が 1 × 1 m 程度の鏡を製作できる装置で済むことや，設置場所への鏡の輸送も大型の鏡に比べて容易になる特徴があります．米国が中心となり日本も参画している 30 m 望遠鏡プロジェクトも同様な分割鏡で，京都大学 3.8 m 望遠鏡（せいめい望遠鏡）プロジェクト（以降，本プロジェクト）は，将来の巨大望遠鏡にいたる新技術開発という位置づけと考えることができます．

以降では，本プロジェクトを題材に，望遠鏡製作プロジェクトについて，事業的な視点で考えてみたいと思います．

4.4.1　学際融合の取り組み

道具をつくるには，要求される性能を決める必要があり，その性能を実現できる技術ももっている，もしくは開発できる体制が必要となります．しかし，日本国内には，3.8 m 口径のような大型で分割鏡による望遠鏡を自主技術だけで製作した経験がありません．そこで，本プロジェクトでは，京都大学が中心となり，自らで製作するための技術開発チームが編成されました．望遠鏡製作における技術要素には，鏡の製作技術，鏡面を計測する技術，分割鏡であっても 1 枚の鏡と同じように鏡を制御する技術，そして鏡を支える架台製作技術が必要です．一方，望遠鏡の性能要件をつくるには，宇宙観測技術や観測結果を分析する技術も必要です．言い換えれば，望遠鏡製作には，宇宙を観測する人，結果を分析する人，そして望遠鏡を製作する人が分野横断的に協力できるチームが必要不可欠なのです．今回の技術開発チームは，専門的な技術ももつ理学部，工学部の研究者，技術者が分野横断的に集まることで，理学と工学が融合し，宇宙観測に必要な性能の望遠鏡をつくり上げる体制が組織されています．

【2019年9月刊行】

オールカラーで楽しみ，しくみを理解
錯視画像をつくってみたい人にも必携の１冊

錯視のしくみ
イラストレイテッド

北岡明佳 著

B5判　128頁　オールカラー
定価（本体2,900円＋税）
ISBN978-4-254-10290-1　C3040

▼自分でつくるムンカー錯視（縞の色の違いで赤色の見え方が変わる）

こんな錯視が満載！
- 灰色なのに赤いイチゴ
- 縞模様でインク自体の色よりきれいになる
- ハートが背景と別に動く・・・

○著者紹介
立命館大学総合心理学部教授　専門：知覚心理学（錯視・目の錯覚）
2013年に「ガンガゼ」（2008年発表）がレディ・ガガのアルバム「アー

○本書の特徴

- Web で話題の「赤くないのに赤く見えるイチゴ」（組見本左端を参照）など，オールカラーで錯視を楽しみ，しくみを理解できる 1 冊．色に関する錯視を豊富に紹介．
- イラスト・写真の色・模様などが「どのような効果を生むか」を丁寧に解説．
- 特定の作図ソフトに依存しない汎用的な記述．
- 多彩な錯視を楽しみたい人から，自分で作品をつくってみたい人までおすすめの 1 冊．

○組見本

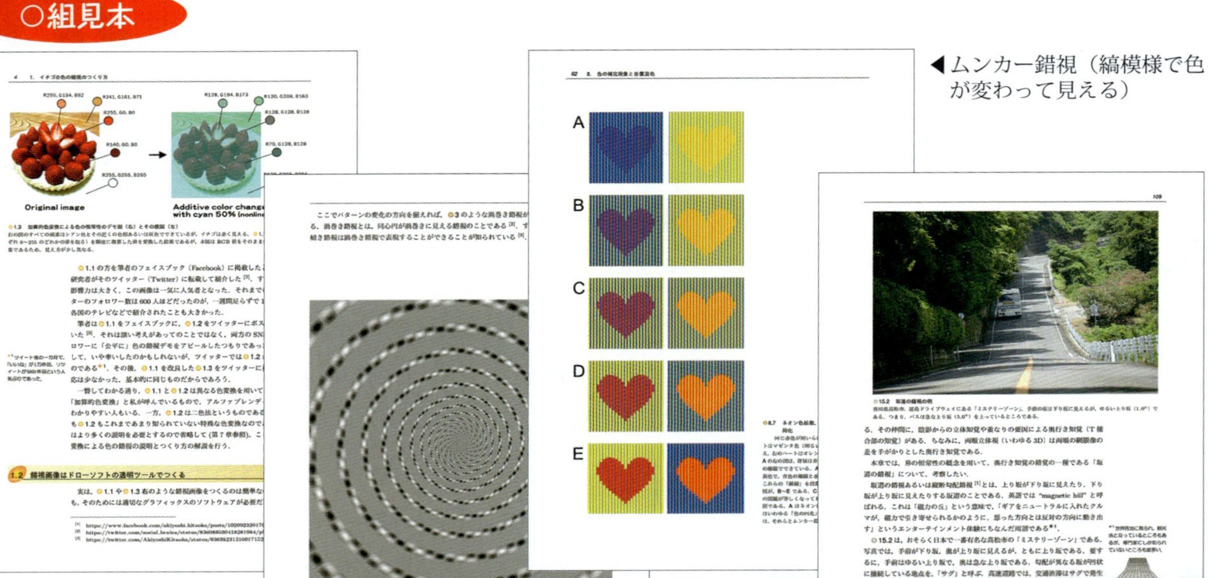

◀ムンカー錯視（縞模様で色が変わって見える）

意思疎通の難しさとものづくり体制の構築

当初のチームは，それはもう喧々諤々（けんけんがくがく）の白熱した議論に日々を費やしていましたが，2006年から始まった望遠鏡製作は，5年を経過した2011年になっても一向に先が見えない状況でした．ゴール設定が曖昧で，製作に向けたプロジェクト管理もできておらず，全体像の把握がないまま個々の研究者が気ままに要素技術開発を手掛けていたように思われます．分野横断による組織では，共通の目標設定と全体をコーディネートしていくプロジェクトマネージャー（PM）が必須ですが，参画された研究者の方々には，「研究」と「開発」の違い，つまり，ものづくりとしての根本的な考え方の理解や共有ができていなかったように思います．そこで，年功序列や教授，准教授，助教といった役職による序列を超えて，ものづくりを中心としたプロジェクト体制にチーム編成を変更し，新たにPMを配置しました．この結果，各研究や開発の全体調整を進めることができるようになり，さらに，共通の目標設定と進捗の見える化が進むことで，ようやくものづくりが進み出しました．

4.4.2　産学連携と産業化

望遠鏡製作には，多額の資金が必要です．しかし，どんなに大きな望遠鏡をつくっても，その望遠鏡から直接お金を儲けることはできません．世界の大きな望遠鏡は，公的な資金か寄付に頼っています．日本においても同様ですが，国が財政難でもあることから，望遠鏡製作の資金を集めることが重要な課題でした．そこで，本プロジェクトでは，鏡製作を担う民間企業（旧ナノオプトニクス研究所，現（有）アストロエアロスペース）を設立し，望遠鏡の心臓部である鏡を民間資金により賄うという体制でスタートしています．世界的にも直径1mを超える鏡を製作できる企業が少ないことから，ナノオプトロニクス技術を武器にした新たな新産業創造を目指したベンチャーとして誕生しました．遠いはるか彼方を覗く望遠鏡は最先端技術の宝庫であり，本プロジェクトで開発された新技術を，新たな産業応用に生かすことができるのです．

鏡より先に，装置をつくることから始まった！

さて，上述のように自前で鏡を製作することになったわけですが，そもそも鏡は削る・磨く技術の前に，大きな鏡を削る・磨くための工作機械が必要で，特注でつくる必要がありました．工作機械メーカーと一緒になって約2年をかけて鏡を加工できる装置ができましたが，削る，磨くための基本的な操作の習得にさらに３年．結局，2011 年に分割鏡の１枚をつくることができました．海外から購入した方が早く完成に近づいたことでしょう．私たちのこの挑戦の成否は，今後の産業応用に向けたビジネスの成否に委ねることになります．

4.4.3　望遠鏡製作の要素技術

望遠鏡の性能を決める最大の構成要素は，光を集光するために用いる鏡です．私たちがよく目にする鏡は，平面鏡でガラスの裏面を銀メッキした鏡です．望遠鏡では，光を集光するために曲面になっています．また，光が正しく反射するために曲面の表面を決められた凹凸精度で磨き上げておく必要があります．3.8 m 口径の鏡を１枚鏡で実現するには，とても大きな加工機が必要になりますが，本プロジェクトでは，18 枚に鏡を分割して製作することで，1 × 1 m 程度の鏡製作ができる加工機を使用しています．しかし，それでも巨大な工作機械（図 4.13）で，本プロジェクトで必要な数十 nm の形状精度で鏡を製作するには，最先端の加工技術が必要になります．鏡加工は，研削加工（削る）と研磨加工（磨く），に分けられますが，最終的に要求精度を満たしているか計測する必要もあります．したがって，鏡製作には，「鏡加工技術」だけでなく，あわせて最先端の「光計測技術」も必要となります．この加工技術と光計測技術は，鏡だけでなくナノ精度が要求される部材加工にも汎用的に応用ができることから，高精度が要求されるレンズやプリズム（屈折素子），グレーティング（回折素子）などの加工にも応用できます．また，本プロジェクトの鏡製作では，もう１つの技術が必要です．分割鏡によって１枚の鏡は小さくできましたが，目標とする大きな１枚の鏡になるように，「分割鏡の制御技術」が必要となります．「分割鏡の制御技術」の確立により，3.8 m 口径を超える巨大望遠鏡の鏡製作を

図 4.13　アストロエアロスペース保有工作機械（(株) ナガセインテグレックス)

開始することができます.

鏡加工は，加工機で研削し研磨を行います．本プロジェクトの鏡加工技術のユニークな点は，研削による従来の粗加工よりも要求精度に近い形状精度まで加工し，要求される形状精度を満たすために必要な研磨時間の短縮を目指していることです（図 4.14）．要するに削りで頑張って，磨きの時間を短くするということです．このように，粗加工を始めてから仕上げ加工が終わるまでの時間を短縮できれば，鏡製作にかかる時間を短縮することができます．多くの鏡が必要な分割鏡を使用した望遠鏡にとっては，完成にかかる時間を大幅に短縮できます．一方，加工機の運転時間が短縮されるので，稼働コスト（電力，オイルなど）が削減でき，また，加工機と運転する要員の稼働率も上がることから，1 枚あたりの加工コストも下げることができるのです．

鏡をのせる架台も重要な望遠鏡の構成要素です．本プロジェクトの架台は，10 t と従来（たとえば約 50 t）よりも軽くなりました．重たい鏡を，軽い構造で鏡の変形を小さく抑えて支える必要がありますが，軽量な構造なので，目的の位置に鏡を早く動かすことができます．また，軽量なことから，基礎工事も安価で済みます．これも新しい研究開発の成果といえます（図 4.15）．鏡をのせる部分が複雑な構造になっているのがわかります．この構造は，遺伝的アルゴリズムを用いて設計されています（遺伝的アルゴリズムとは，生物界の進化のしくみを模倣する解探索手法で，突然変異の要素を含んだ複数の解を出し，

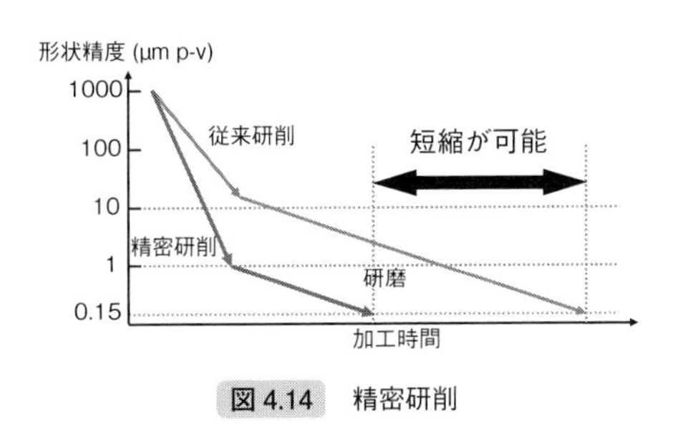

図 4.14　精密研削

図 4.15　軽量架台
矢印で示したところが鏡をのせる部分.

それなりによい解だけを残していきながら，妥当な解を探索します）．この架台は，名古屋大学で仮組みをした上で，再度分解しトラックで京都大学岡山天文台に運ばれて設置されました．ここがユニークな点です．この架台設備は，比較的小さな部材で構成されており，また軽量でもあることから，分解してもっていくことが容易です．したがって，分割鏡の鏡や架台のパーツを日本の製造工場でつくり，一度仮組みして検査した後，プラモデルのように組み立てキットにして海外に搬送し，現地で組み立てることで望遠鏡の設置が可能です．

「削る」と「磨く」どちらをとるのかではない

私たちは，削りで頑張って，鏡製作の時間短縮を目指していました．しかし，鏡を削るときに深さ方向にひずみが入ることが知られていて，あまり頑張りすぎると，このひずみが鏡の経年劣化に影響を及ぼすことも想定しなければなりません．私たちは，単純に研削技術だけを追い求めるだけでなく，研磨技術についても技術開発が必要です．鏡加工の事業化には，加工後の保守性まで考えた技術開発が必要であり，研究から開発へ，そして事業化に向けて多くの課題を乗り越えていく必要があります．

4.4.4 経年変化と保守

望遠鏡の鏡は，光学性能を維持するために定期的に洗浄・蒸着をする必要があります．分割鏡では，小さな鏡を取り外して，順次行うことができますので，保守性がいい構造であるといえます．しかし，巨大望遠鏡ではその枚数が多く，たとえば，30 m 望遠鏡 TMT の主鏡は，492 枚の分割鏡で構成されています．分割鏡 1 枚の大きさは，1440 × 1 万 4440 mm の六角形で重量は約 250 kg あります．2 年に一度の洗浄・蒸着が必要なので，図 4.16 のような分割鏡交換ロボット技術が開発されました．この装置は，1 日に 10 枚の鏡を交換する能力があるとのことで，十分に巨大望遠鏡の保守を行うことができます．

4.5 広がる宇宙ビジネスと最先端技術

望遠鏡は，さまざまな分野の技術を用いて製作されており，とくに，巨大望遠鏡は，最先端技術の集大成といえます．望遠鏡を中心としたビジネスを考え

図 4.16 次世代超大型望遠鏡 TMT
「分割鏡交換ロボット技術」
(三菱電機http://www.mitsubishielectric.co.jp/corporate/randd/spotlight/a28/index02.html より)

るには，望遠鏡市場に加えて，望遠鏡製作技術を利用したビジネスについても考える必要があります．そこで，本節では，宇宙ビジネスの概要を述べ，今後，注目すべき望遠鏡市場と望遠鏡製作技術を利用したビジネスについて述べます．また，最先端技術による新たな産業創生についても考えてみたいと思います（宇宙開発については第 4 巻第 4 章（藤原洋）も参照）．

4.5.1 広がる宇宙ビジネス

宇宙関連の市場は，米国の衛星産業協会の調査によれば，全世界で 10 兆円（2014 年）で，約 2/3 が宇宙を利用した衛星サービス分野が占めており，衛星製造分野が 1.59 兆円です．衛星には，通信・放送用の衛星，リモートセンシング衛星，測位衛星（GPS），軍事観測衛星などの種類がありますが，近年は，リモートセンシング衛星の需要が多く，内閣府によれば，リモートセンシング衛星は，2011～2015 年に 233 機の衛星が打ち上げられ，そのうち 159 機が民間企業の打ち上げ衛星でした．2016～2025 年までの 10 年間では，1935 機の衛星が打ち上げ見込みで，市場規模予測は 2.9 兆円（290 億ドル，2016 年）とのことです（図 4.17）．この背景には，リモートセンシング画像を利用したサービス事業が大きく伸びており，安全保障用途に加えて，民間によるリモートセンシング画像サービスが拡大しているからです．日本では，「先進光学衛星」の打ち上げを 2020 年度に計画しており，高精度の光学系によって細かな分解能と観測幅が広い地上観測を目指しています．

このように，宇宙ビジネスの拡大によって，地球を観測する衛星の需要が高まっており，高精度な光学系が必要となっています．今後，口径数十 cm～1 m 程度の鏡やレンズ，また，高精度な光学系などを製作する事業が拡大する

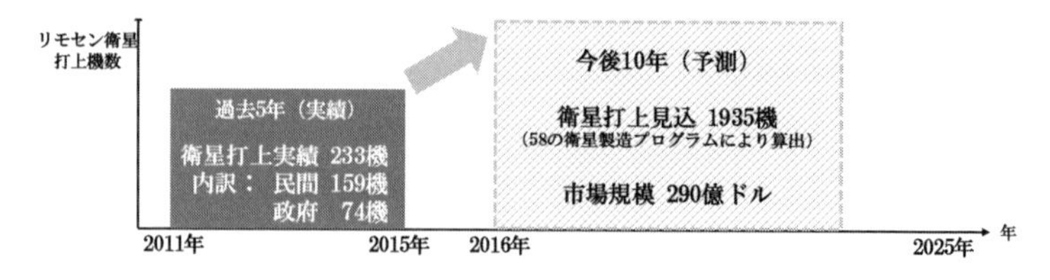

図 4.17 リモートセンシング衛星打ち上げ数
（内閣府宇宙政策委員会「我が国の宇宙利用（リモセン）産業の課題，現状及び対応の方向性検討における論点」http://www8.cao.go.jp/space/comittee/27-sangyou/sangyou-dai6/siryou3-1.pdf より）

ものと思われます．

● 4.5.2 宇宙デブリについて

図 4.18 は，地球のまわりの低軌道のデブリ静止画です．デブリとは，スペースデブリのことで，宇宙のごみという意味です．私たち人類は，宇宙開発のために多くのロケットと衛星を打ち上げました．しかし，故障した衛星や役割を終えた衛星の残骸，運用上で宇宙空間に放出された部品，また，爆発によって発生した多数の破片などが宇宙空間に存在しています．JAXA によれば，デブリの数は 2010 年時点で，1〜10 cm のものが約 50 万個，10 cm 以上が約 2 万個といわれています．これらのデブリは，低軌道では 7 km/秒以上と高速で地球を周回しているので，運用中の衛星への衝突や国際宇宙ステーションへの衝突も危惧されるようになってきました．実際に，2009 年 2 月イリジウム衛星へデブリの衝突が発生しています．また，デブリ同士の衝突により，さらにデブリが増えていくことも懸念されます．一方，これらのデブリが地球の引力によって，大気圏に再突入もしています．ほとんどは燃え尽きてしまうわけですが，大きな衛星，大きな部品，また耐熱性で燃えにくい材質の部品などが，地上や海上に落下することがあります．

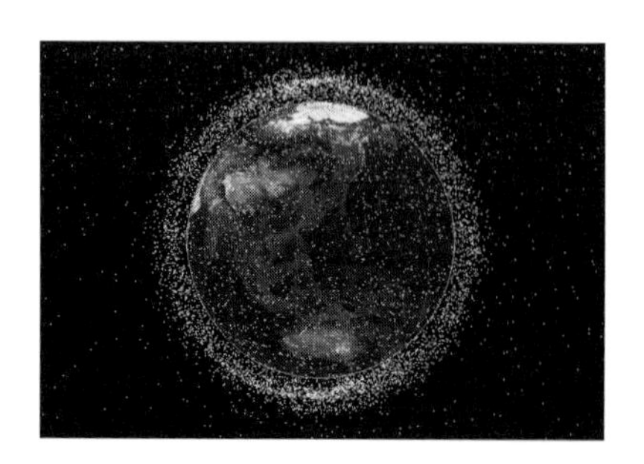

図 4.18 低軌道のデブリ静止画
（JAXA http://www.kenkai.jaxa.jp/research_fy27/mitou/mit-debris.html より）

そこで，米国では，2016年時点で1万7669個のデブリを観測し，そのデータを公開しています．衛星や国際宇宙ステーションへのデブリ衝突を防ぐためにも，デブリを観測し，その軌道を予測する必要があります．宇宙利用が安全に拡大するためには，デブリ観測網の必要性が高まっています．JAXAでは，低軌道用と静止軌道用の光学望遠鏡を用いた観測システムによって，デブリ観測システムの研究を行っています．今後も増えるデブリに対して，より小さな多くのデブリを迅速に観測するために，望遠鏡は欠かすことができません．また，日本として東経135度中心でのデブリ観測と情報の公開は，世界への大きな貢献になります．

4.5.3 望遠鏡と望遠鏡技術の活用

宇宙ビジネスの拡大は，4.5.1項で述べたように，宇宙観測より地球観測にかかわるサービス事業によってもたらされています．一方，拡大するサービス事業は，宇宙空間が安全であるという前提であり，4.5.2項で述べたスペースデブリによる脅威への対処は，国際的な共通の課題になっています．せいめい望遠鏡で開発した新たな技術によって，ユニークな巨大望遠鏡が製作されました．開発された技術は，宇宙ビジネスへの応用やスペースデブリへの対策にも貢献できます．

望遠鏡を口径サイズで分類をしてみます．①大型望遠鏡（口径3 m以上），②中型望遠鏡（1〜3 m程度），③小型望遠鏡（数十cm）となります．各サイズの市場を考えてみると，①は新興国，デブリ観測網向け，②は富裕層向け，③は衛星搭載向けと想定します．

①や②は，1 mを超えるサイズの鏡やレンズが製作できる企業が世界的に少ないので，最先端技術による付加価値事業化が可能です．具体的には，分割鏡による鏡製作技術と差別化された架台製作技術を武器に，拠点量産型の巨大望遠鏡製作の事業化が考えられます．たとえば，デブリ観測網の構築には，全世界に望遠鏡を配置する必要がありますが，拠点量産型で比較的手軽に搬送できる利点を生かしたデブリ観測用望遠鏡製作を展開できます．

③は，地上観測画像サービスが大きく拡大しているので，リモートセンシング衛星向けの搭載型望遠鏡や光学素子の需要が高まります．数値制御の工作機

械を用いた高速，高精度加工を武器にした鏡・レンズ加工に加えて，光学素子の部品加工事業化が有望です．

4.5.4 最先端技術による事業化と栄枯盛衰

かつて産業の中枢を担った半導体は，1980年代，日本がトップシェアを誇っていました．1990年代後半から日本の優位性は崩れてきましたが，半導体を製造するための半導体製造装置は，2001年当時，日本が約70%のシェアを誇っていました．しかし，2013年のデータでは，日本のシェアは約20%になり，オランダのASMLが約80%になっています．半導体製造装置は，半導体の集積率を上げるため，露光装置への技術開発競争が激しく，露光時に使用するレーザーの短波長化・高出力化による光源開発，あわせて，レンズ，ステージ（半導体ウェハーをのせる台座）の開発が進み，シリコン板に焼きつける電子回路の線幅を細くしています．「半導体の集積率は18カ月で2倍になる」という半導体業界での経験則（ムーアの法則）がありますが，さまざまな構成要素において日進月歩の技術開発が求められています．ASMLは，半導体製造装置のモジュール化とアウトソーシングによって，技術開発を自社だけで行うのでなく，外部の技術開発力を利用する水平分業戦略によって，激しい技術競争の勝者となりました．

望遠鏡と関連づけてみます．テレビが望遠鏡とすると，テレビで使われる液晶ディスプレイや電子部品の半導体が鏡．そして，液晶ディスプレイや半導体をつくる半導体製造装置が鏡の加工機となります．鏡の加工機が，いかに重要なのか，そして，加工機を使って鏡をつくる製作技術が重要なのかが理解できるでしょう．望遠鏡をつくるには，さまざまな分野の最先端技術が融合する必要があり，たとえば，鏡を製作するには，高性能の加工機だけでなく，また，使いこなす技術だけでもなく，計測する技術も必要です．あらゆる学問，技術，発想の融合，そして，産学連携によって技術開発が継続できるエコシステムの形成が不可欠です．さらに，ASMLのように，自社が弱い部分を他社の技術で補完し，必要な性能を実現していくといった柔軟な事業化戦略が求められています．

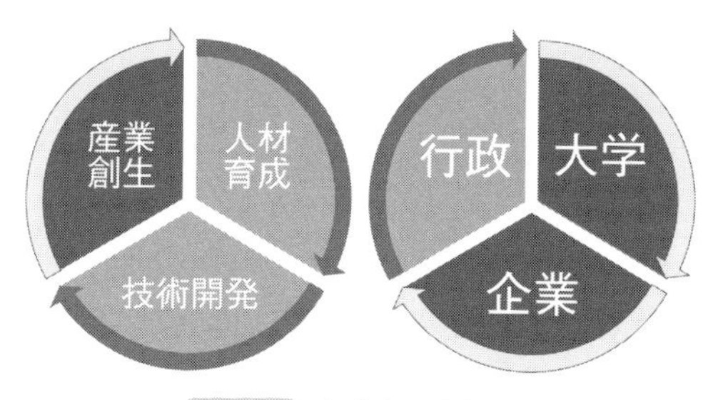

図 4.19　新産業と地方創生

4.5.5　新産業創生への鍵

本プロジェクトをもとに新産業創生について考えてみます．本プロジェクトは，巨大望遠鏡を自らつくるために，世界レベルの最先端技術への挑戦を行ってきたといえます．世界レベルへの挑戦で得られたことは3つ．第一は，理学と工学の連携ができたこと（学際融合）．第二には，大学と中小企業との連携ができたこと（産学連携）．最後に，多くの教員と学生が，開発に携わっていることです．初期の頃の学生が研究者になり育っています．今，加わってきた学生たちは，これまでに積み上げげた技術に触れることができます．大型望遠鏡プロジェクトに参加できる機会は，一生のうちにそう多くはありません．携われる機会があることこそが，人材育成に大きな貢献をあげていると思います．分野を超えた技術開発と継続的な人材育成が，産業創生に向けた歯車を回す原動力になります（図 4.19）．

本プロジェクトは，世界のレベルに追いついたのではないかというところまできましたが，新産業へと昇華するには，地域との連携が不可欠です．新産業創生に向けた1つのお手本は，シリコンバレーとよくいわれていますが，図 4.19 の右側に示すように大学，企業，行政が連携することこそが，大きな産業へと育つ環境であり，新産業創生への鍵となるでしょう．

引用文献

薫田匡史：ホモロガス変形を考慮したトラス構造形態創生に関する研究，2008 年度名古屋大学大学院環境学研究科修士論文，2009.

経済産業省：我が国企業の国際競争ポジションの定量的調査．http://warp.da.ndl.go.jp/info:ndljp/pid/11241027/www.meti.go.jp/meti_lib/report/2014fy/E004082.pdf（最終閲覧日：2019.9.2）

参考文献：初心者向け

ウッドベリー，D. O.（著），関　正雄，成相恭二（訳）：パロマーの巨人望遠鏡（上），岩波文庫，2002.

ウッドベリー，D. O.（著），関　正雄，湯澤　博，成相恭二（訳）：パロマーの巨人望遠鏡（下），岩波文庫，2002.
望遠鏡の物語です．上下あります．
吉田正太郎：天文アマチュアのための望遠鏡光学・反射編，誠文堂新光社，1988.
望遠鏡の光学についての書籍です．

参考文献：中・上級者向け

家　正則，岩室史英，舞原俊憲，水本好彦，吉田道利（編）：宇宙の観測 1［第 2 版］—光・赤外天文学，日本評論社，2017.
望遠鏡や天体観測についての書籍です．
コリンズ，J. C.（著），山岡洋一（訳）：ビジョナリーカンパニー2　飛躍の法則，日経 BP 社，2001.
藤原　洋：日本はなぜ負けるのか—インターネットが創り出す 21 世紀の経済力学，インプレス R&D，2016.
どちらも新産業応用についての良書です．
マラカラ，ダニエル（編著），成相恭二，清原順子，辻内順平（訳）：光学実験・測定法　第 1 巻，第 2 巻，アドコム・メディア，2010
干渉計・鏡の計測についての書籍です．I と II からなります．

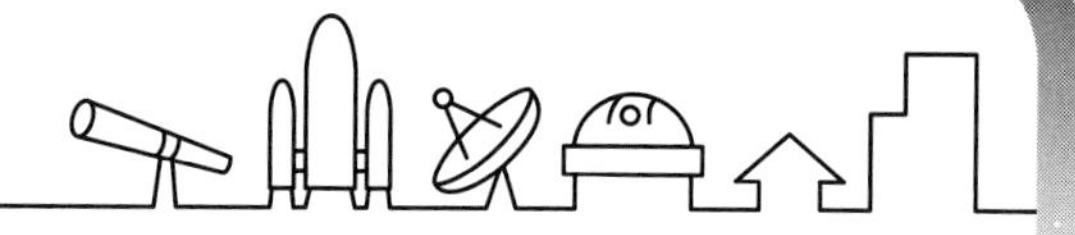

chapter 5

宇宙と人の心と宗教

鎌田東二

人が感じることのできる宇宙には２種類の宇宙があります．１つは物理的な外宇宙，もう１つは心的な内宇宙です．前者は目に見える観測可能な宇宙，後者は目に見えないけれども心的に観察感受可能な宇宙です．この章では，人類が宇宙をどう見てきたかを古代の神話や宗教の観点からみていきます．『旧約聖書』の「創世記」の天地創造神話，『古事記』冒頭の天地開闢（かいびゃく）・むすひの神々の顕現と神話的思考と想像力の展開を検討します．続いて，空海の招来した真言密教の宇宙観や十住心論，覚鑁（かくばん）の五輪九字論，禅の喫茶や気功の養生論，禅の「十牛図」や「熊野観心十界曼荼羅図」に描かれた心の世界を考察します．これからの考察を通して，心が感受してきた宇宙の自在な豊かさについて理解を深めていきます．

5.1　宇宙起源神話としての「天地創造」の物語

人類が宇宙をどう見てきたかを歴史的に回顧するためには，古代の神話をひもとかなければなりません．たとえば，世界の諸宗教に最も大きな影響力を与えてきた神話は『旧約聖書』の最初に置かれた「創世記」の冒頭の「天地創造」神話です．

ここでは，「神」は７日間で宇宙，すなわち天地万物を創造します．そこでは神は宇宙の創造者です．それではどのように神が宇宙を創造したかをみると，次のように記されています．「はじめに神は天と地とを創造された．地は形なく，むなしく，やみが淵のおもてにあり，神の霊が水のおもてをおおっていた．神は『光あれ』と言われた．すると光があった．神はその光を見て，良しとされた．神はその光とやみとを分けられた．神は光を昼と名づけ，やみを夜と名づけられた．夕となり，また朝となった．第一日である．」

とても興味深いのは，天地創造以前の世界においては，まだ光も存在しない闇のなかで「神の霊」が「水のおもて」を覆っていたとあります．ということは，天地創造以前には，原初の「水」があって，その水の表面は「神の霊」で覆われていたということになるでしょう．最初のギリシャ哲学者といわれるターレスは，万物の「アルケー（始源・原理）」は「水」であると主張し，そこから古代ギリシャの哲学的思考が展開していくことになりますが，最初の哲学が宇宙の原理や始源に「水」を置いたことは，神話的思考と哲学的思考との類似を示していてたいへん興味深く思います．

ともかく，この後，「神」が「光あれ」と言うと，光が発生します．そして，光と闇が分離し，光を昼，闇を夜と名づけます．それが第一日目の天地創造でした．

この「神の霊」の「霊」の原語は，霊魂を表す古代ヘブライ語「ルーアッハ (RuaH)」で，紀元前 2 世紀頃のアレクサンドリアでプトレマイオス 2 世の治世下に 72 人の学者によりギリシャ語に翻訳された七十人訳聖書（セプタギンタ）では「プネウマ（πνευμα, pneuma)」と訳されています．どちらも，「風」，「息・呼吸」などの意味をもつとされます．英語では，“God's Spirit” と訳されています．

多くの古代宗教において，「風」と「霊」と「息・呼吸」は同じ実体（本質）の異なる現れ（現象）と考えられていました．そして，「神」の「霊」の「息」が「言葉」となって表されます．古代インドの宗教における聖音「オーム (OM)」も，息と言葉の同一性を示しています．

ここであらためて注目したいのは，『旧約聖書』「創世記」の「神」は「言葉」で世界を創造したということです．世界が創造された後のある段階で言葉が生まれたのではなく，言葉は神の存在性と創造性の根幹にある力であり，はたらきであるということです．したがって，「神」による天地創造とは，まず第一に「神」の思念と言葉・発話による創造となります．この言葉による創造 (BāRā) は霊による創造で，神の「霊」を表す「ルーアッハ」も「プネウマ」もともに「風」あるいは「息」の意味をもち，赤司道雄『聖書』（中央公論社，1966年）では「存在に生命を与えるもの」とされます．風も息も自然・生命の呼吸と循環・リズムであるゆえに「存在に生命を与えるもの」と考えられたのです．『旧約聖書』の「神」の名「ヤハウェ（YaHWäH）」はもともと「あらしめるもの・生かすもの」の意味でした．神ヤハウェは霊によって創造し，霊によって存在をあらしめ生かしめます．

この「神」の言葉による天地創造は，具体的には次のような発話となり，創造の業が続けられます．

第二日「水の間におおぞらがあって，水と水とを分けよ」—天の創造

第三日「天の下の水は一つ所に集まり，かわいた地が現れよ」，「地は青草と，種をもつ草と，種類にしたがって種のある実を結ぶ果樹とを地の上にはえさせよ」—陸と海と植物の創造

第四日「天のおおぞらに光があって昼と夜とを分け，しるしのため，季節のため，日のため，年のためになり，天のおおぞらにあって地を照らす光となれ」—太陽と月の創造

第五日「水は生き物の群れで満ち，鳥は地の上，天のおおぞらを飛べ」，「生めよ，ふえよ，海の水に満ちよ，また鳥は地にふえよ」—鳥類・魚類などの空と海の動物の創造

第六日「地は生き物を種類にしたがっていだせ．家畜と，這うものと，地の獣とを種類にしたがっていだせ」，「われわれのかたちに，われわれにかたどって人を造り，これに海の魚と，空の鳥と，家畜と，地のすべての獣と，地のすべての這うものとを治めさせよう」，「生めよ，ふえよ，地に満ちよ，地を従わせよ．また海の魚と，空の鳥と，地に動くすべての生き物とを治めよ」，「わたしは全地のおもてにある種をもつすべての草と，種のある実を結ぶすべての木とをあなたがたに与える．これはあなたがたの食物となるであろう．また地のすべての獣，空のすべての鳥，地を這うすべてのもの，すなわち命あるものには，食物としてすべての青草を与える」—地の動物と人間（アダムとイブ）の創造と統治

そして，「神」は７日目に天地創造の業を休みます．そのことは，「こうして天と地と，その万象とが完成した．神は第七日にその作業を終えられた．すなわち，そのすべての作業を終って第七日に休まれた．神はその第七日を祝福して，これを聖別された．神がこの日に，そのすべての創造のわざを終って休ま

れたからである．これが天地創造の由来である」と記されています．

このようにして，天地万物の創造過程がたどられます．これは，現代風にいえば，宇宙と太陽系と地球と地球上の動植物の生成過程の物語的表現ということができます．現代では，天文学や宇宙物理学の研究が進み，138億年前にビッグバンが起こってこの「宇宙」が始まり，インフレーションにより膨張してきたとされていますが（第2章参照），古来，天空を見上げて想像力の翼を広げてきた人類は，宇宙や世界の始まりについてさまざまな神話的思考を膨らませてきたわけです．そうした人類最古の宇宙論は，実証的には，楔形文字に記された古代メソポタミア神話にみることができます．

月本昭男『古代メソポタミアの神話と儀礼』（岩波書店，2010年）によれば，宇宙や世界の始まりを説く「創世神話」類型には，宇宙起源神話，人類起源神話，文化起源神話があるとされます．そこでは，宇宙がどのようにして始まったのか，その宇宙のなかで人類がどのようにして誕生したのか，そしていかにして火や道具や言語などを用いる文化的生存様式を獲得するようになったのか，その起源が神話的物語として語られています．人類はあらゆる事象に名づけを与え，物語的な説明を行い，それによってこの世界のなかの人間の位置と地位を確認していったのです．神話はそのような物語的自己確認・自己措定のいとなみでした．

古代メソポタミアの宇宙起源神話では，宇宙の秩序基本は「天と地」とされ，天地分離，天地交合，天地創造の3類型があるとされます．最初にひとかたまりであった「天と地」が分かれていくのか，それとも別々であった天地が交わるのか，超越的神が創造するのか，さまざまな宇宙起源神話類型があります．また，人類起源神話では，神々による創造（creatio）と大地からの自生（emersio）が説かれ，前者の人類創造神話では，人間をつくる素材は粘土ですが，人間は何のために創造されたかというと，生産活動や食料供給や運河の管理や神殿建造にかかわる労役を下級神に代わってさせるためであるとされます．そこでは，人間の存在理由は「神々に仕え，神々に代わって労役に就くこと」で，「人間はあくまでも神々に仕える存在であって，決して神にはなり得なかった」（前掲33頁）のです．そこにおいては，神々と人間との間の断絶や人間の不完全性と不安定性が強調されています．そのような不完全な人間のなかに，より強い完成された人間としての「王」が登場しますが，それが古代メソポタミア文明の英雄王ギルガメッシュです．また，文化起源神話では，神殿建造，火の使用，煉瓦づくりなどすべての文化は神々の世界に起源をもつとされます．このように，古代メソポタミア神話や古代エジプト神話は，宇宙や人類や文化の始まりについて物語的な説明を説いているのです．

興味深いのは，メソポタミア神話に比べて，『旧約聖書』の天地創造の物語では，人間（アダム）の位置が格段に高い点です．メソポタミア神話では，人間は下級神の労役の肩代わりをするために創造されたので，いわば現代のロボットか古代の奴隷に近い身分ですが，『旧約聖書』では，原人アダムは「神の似姿」として創造され，神の祝福を受け，すべての被造物に名前を与え，支配する特別の力と位置を与えられています．つまり，それぞれの神話のなかでの宇宙観や生命観や人間観は，それぞれに異なっているということになります．この点が，普遍的な法則によってメカニズムを解明する科学的な宇宙論や人体生理学とは異なります．宗教的世界観の根底には，このような神話的思考に基づく独自の宇宙観や生命観や人間観があり，それによって人間の心と想像力の世界の多様さと奥深さを示していきます．

5.2 「宇宙」の語と中国と日本の宇宙起源・人間起源・文化起源神話

ところで，現代日本語の「宇宙」という言葉は，もともと漢語（古代中国語）の「宇宙」に由来します．紀元前2世紀頃に編纂された『淮南子（えなんじ）』巻十一「斉俗訓」のなかに，「往古来今，これを宙と謂う．四方上下，これを宇と謂う」とあるのが，「宇宙」の語の最初期の用例です．そこでは，「宇」は「四方上下」の空間を意味し，「宙」は「往古来今」すなわち過去から現在にいたる時間を意味しています．

じつは，この『淮南子』の「宇宙」論は古代日本の宇宙論にたいへん大きな影響を与えています．たとえば，『日本書紀』の冒頭の一文，「古（いにしへ），天地未だ剖（わか）れず，陰陽（めを）分れざりしとき，渾沌（まろがれ）たること鶏子（とりのこ）の如く，溟涬（くくもり）りて牙（きざし）を含めり．其の清（す）み陽（あきらか）なる者は，薄靡（たなび）きて天と為（な）り，重く濁れる者は，淹滞（つづ）きて地と為る」とあるのは，『淮南子』巻二「俶真訓」にある「天地未だ剖（わか）れず，陰陽未だ判(わか)れず，四時未だ分れず，万物未だ生ぜず」を模範として日本式にリライトされたものとされます．

この『淮南子』の記述は，「天地・陰陽」，「四時・万物」と宇宙開闢(かいびゃく)と生成の過程がたいへん明確で論理的な構成になっています．それに対して，はるか後世の西暦720（養老4）年に編纂された『日本書紀』の方は，「鶏の子」とか「牙」とか，非常に具体的かつ即物的で比喩的で，同じような「天地開闢」神話でもアクセントの置き方や語り口がずいぶん違っています．同じ素材を使っても，料理の仕方や加工法や盛りつけ方が違うとずいぶん異なった味が生まれてくるのに似ています．それにより，いろいろな違いやヴァリエーションを生み出すことができます．

世界中の神話類型のなかで，『淮南子』「俶真訓」や『日本書紀』本文の宇宙起源神話は「天地分離」類型に属します．『日本書紀』では，「いにしえには，まだ『天と地』が分離されておらず，陰陽も分かれていなかった．その渾沌としているさまはまるで鶏の卵のようであったが，いつしか昏くくぐもっている中に胎動の兆しが生まれ，澄明で輝いているものがたなびき広がって天となり，重く濁ったものが滞留して大地が生まれた」と記します．鶏の卵のようなところから細胞分裂するように世界が発出したと物語るわけです．

それに対して，日本最古の文書とされる，西暦712（和銅5）年に稗田阿礼によって誦習され太安万侶によって筆録された『古事記』の宇宙起源神話は，「天地初発之時」の始まりの物語が高天原神話として語られ，そこには天之御中主神(あめのみなかぬしのかみ)・高御産巣日神(たかみむすひのかみ)・神産巣日神(かみむすひのかみ)のいわゆる「造化三神」の顕現の物語が記され，その宇宙生成の根源的なエネルギーを「むすひ」（産巣日，『日本書紀』では産霊と表記）といい表しています．

『古事記』原文はつぎのようにすべて漢字で記されています．冒頭部分のみ引用します．

「天地初発之時於高天原成神名，天之御中主神，次高御産巣日神，次神産巣日神，此三柱神者並獨神成坐而隠身也」

この『古事記』冒頭の「天地初発時」をどう訓むかだけでも諸説があります．たとえば，古くは，本居宣長『古事記伝』では「天地(あめつち)の初発(はじめ)の時」と訓み，国文学者の武田祐吉もそれに倣っていますが，倉野憲司は「天地初めて発(ひら)

けし時」(岩波古典文学大系・岩波文庫)，神野志隆光は「天地初めて発れし時に」(小学館日本古典文学全集)，中村啓信は「天地初めて発くる時に」(角川文庫）と訓み，この一句の訓みだけでもだいぶ異なります．岩波文庫に収められた倉野憲司校注の『古事記』では，先に引いた漢文は，「天地初めて発けし時，高天の原に成れる神の名は，天之御中主神．次に高御産巣日神．次に神産巣日神．この三柱の神は，みな独神と成りまして，身を隠したまひき」と訓んでいますが，和文としてどのような訓み方をするかによって，ニュアンスや雰囲気や意味世界はかなり変わってくるので，古典解釈も簡単ではありません．

それでは，『古事記』の人類起源神話はどのような物語なのでしょうか．それは『旧約聖書』の天地創造神話と比べてどのような違いがあるでしょうか．

一言でいえば，それは神による創造ではなく，自生や出産や化成というじつに不思議な物語となります．それが，いわゆる国生み神話と呼ばれるものですが，伊邪那岐神・伊邪那美神の夫婦の神の「みとのまぐはひ（性交)」によって，淡路島や隠岐の島や九州や壱岐・対馬や佐渡島や本州などのその島々が出産されて生まれてきて，「大八島」と呼ばれるようになります．その生みの親である伊邪那岐神・伊邪那美神自身は高天原に化成してきた最後の神々となり，あえてわかりやすく二極化していえば，伊邪那岐神の子孫が天照大御神や天皇家となり，伊邪那美神の子孫が須佐之男命や大国主神や国つ神の系統となっていきます．

この『古事記』や日本神話がもつ神々の肉体性や物質性の生々しさや肌感覚に注意しておきたいと思います．というのも，日本人のものづくり感覚のなかに，『古事記』に表現されているような繊細微妙な霊性と物質性との相関作用を感じるからです．たとえば，古語の「たま」は，物体としての「玉」と霊魂としての「たま」の両方を一語でいい表しますし，同様に，古語の「もの」は，物体としての「物」と人格としての「者」と霊性としての「霊」(「大物主神」「もののけ」など）を一語で表現しています．つまり，一語のなかに，普通ならば相矛盾するような両極を含むということです．このような物質性と霊性との相互浸透に日本人の感性と思考の特色があるように思います．

つぎに，『古事記』の文化起源神話は，祭りと歌の発生として物語られています．日の神（太陽神）天照大御神が隠れた天の岩屋戸と呼ばれる洞窟の前で行った祭り（神事）がそれです．このとき，鏡造りや玉造りなどのものづくりがなされ，祝詞奏上や舞踊などの神聖儀礼が執り行われます．また天照大御神の弟の須佐之男命が八頭八尾の怪物である八俣大蛇を退治した後，「八雲立つ　出雲八重垣　妻籠みに　八重垣作る　その八重垣を」の歌（短歌）がわが国最初の詠歌とされ，歌文化の始まりはこの神の業から始まるとされます．

『古事記』上巻のいわゆる神話的な「神世（神代）」の物語は，国生み神話，国作り神話，国譲り神話，国治め神話という起承転結になっており，日本という国をなす島々がどのように生まれ，開発され，統治されるにいたったかが宇宙開闢の始まりから日本国統治までの歴史過程として物語られます．

その『古事記』の存在世界構造は，天上の高天原，地上の葦原中国，山海の奥（沖）にある黄泉国や妣国や根堅州国という三層世界として物語られ，神統譜は，高天原の天つ神の系統が高御産巣日神・伊邪那岐神・天照大御神の系統，葦原中国の国つ神の系統が神産巣日神・伊邪那美神・須佐之男命・大国主神の系統として物語られ，日本国の統治者としての権限と権威をもつ天皇家の系譜は前者に属するとされます．

そして，『古事記』は，「むすひ」や「修理固成」という危機突破の生存哲学を「まつり」として物語り，また危機打開と世界調整や人間関係の修復の生存戦略を「うた」として表現していきます．つまり，祭りと歌が日本文化の神髄をなすものとしてメッセージされるのです．

5.3 宇宙宗教の展開―空海の真言密教

ところで，不思議なことに，『古事記』は推古天皇の世の記述で終わっているのですが，その時代にはとっくに仏教が伝来しているにもかかわらず，仏教についての記述が一切見当たりません．したがって，『古事記』は意図的に仏教を排除して書かれているということになります．それに対して，『日本書紀』は日本国の公式歴史著の第一の書として仏教伝来と定着の過程を詳細に記録しています．この違いは呆気にとられるほど極端です．

推古天皇の時代に聖徳太子が憲法十七条を制定したと『日本書紀』は記録しますが，その憲法十七条が日本の「憲法」として説くのは，国是として「和」

を実現することを目指すという国家目標宣言を第一条で掲げ，続いて第二条でその精神原理を仏教で支えると宣言し，第三条で国家政治原理を天皇を中心とすることで確立すると主張し，第四条で社会秩序原理を儒教で堅固なものとするという国家原則を明言します．これにより，日本の基本骨格が確立し，なかでも仏教が「心」の問題の解決原理となっていきます．

19 世紀末に「宗教学」（当時は “science of religion” と呼ばれた）を近代的学問として提起したマックス・ミューラー（Friedrich Max Müller，1823–1900）は，「宗教（religion）」を「無限なるものを認知する心の能力」と定義しましたが，この「無限なるものを認知する心」を最大限にはたらかせた最初の日本人が弘法大師空海（774–835）でした．

空海は讃岐国（香川県）善通寺に生まれたとされますが，18 歳で大学に入ったものの，その教育内容や前途に失望し，せっかく入った大学を 1 年ほどで中退し，「自然智（じねんち）宗」に触れて刺激を受けながら，吉野や四国の山中に籠って「虚空蔵求聞持法（こくうぞうぐもんじほう）」の修行に明け暮れます．そして，阿波国（徳島県）の太龍寺（四国八十八ヶ所第二十一番札所）や土佐国（高知県）室戸岬の御厨人窟（みくろど）（御蔵洞，第二十四番札所最御崎寺（ほつみさきじ））で，「ノウボウ・アキャシャ・ギャラバヤ・オン・アリ・キャマリ・ボリ・ソワカ」という虚空蔵菩薩の真言を百日間で百万遍唱える修行を行いますが，そのときの様子を自ら『三教指帰』のなかで，「阿国大瀧嶽に躋（のぼ）り攀（よ）ぢ，土州室戸崎に勤念（ごんねん）す．谷響（ひびき）を惜しまず，明星来影す」と記しています．

この「虚空蔵求聞持法」とは，サンスクリット語で「アカシャー」と呼ばれる「虚空」すなわち広大なる宇宙のような無限にして無尽蔵の知恵と慈悲をもつ虚空蔵菩薩（Âkâśagarbha）の法力を授かる密教の修法です．これを修すると，超絶記憶力が身につくとされていて，あらゆる経典を一読しただけで記憶し，理解し，しかも忘れることがないとされます．そんな便利な超記憶法があれば受験生はみな大いに助かることでしょう．

ともかく，大学の勉強を投げ捨てて，青年空海はこの修行法に集中し，そのかいあって，「明星来影」，すなわち虚空蔵菩薩を象徴する「明星＝金星」の到来を体験することになります．それが後世の弘法大師伝説になると，神秘化されて，金星が空海の口中に入って一体となったことになっていきますが，もちろんそれは，空海が虚空蔵菩薩と一体化してその神秘力をわがものとしたことの表現です．とすれば，空海は最初に「金星化」した日本人だったということになります．

その空海が唐に渡って，青龍寺の恵果阿闍梨から密教を伝法されて真言宗第八祖として帰国し，日本に真言密教を伝え，東寺と高野山を密教の修法と修行の拠点とし道場とします．その東寺の講堂にも高野山金剛峰寺の根本大塔にも空海伝授の曼荼羅が伝えられています．

曼荼羅には胎蔵生（界ともいう）曼荼羅と金剛界曼荼羅の２種があり，この２つをあわせて両界（両部）曼荼羅といい，前者は女性原理と理を，後者は男性原理と智を表すとされます．この曼荼羅の中心尊格は真言密教の教主の「大日如来（Mahāvairocana）」ですが，この大日如来が宇宙根源神的な一者です．

空海はこの虚空蔵菩薩や大日如来という「宇宙尊格」からのインスピレーションとメッセージと法力を得て，超人的な活動を展開します．「即身成仏」を体現した密教修法家として，神秘不可思議なる変幻自在の書体を駆使する書家として，美文的修辞に長けた詩人として，広大なる曼荼羅の哲学者・美術家として，満濃池や益田池などをつくる巨大プロジェクトを推進した土木事業家として，マルチプルに八面六臂の大活躍をしていきます．おそらく，日本の宗教史も文学史も美術史・芸術史も，空海がいなければまったく異なったものになっていたに違いありません．それほどに広大かつ甚大な影響を与えたのが空海でした．

何よりも空海は神秘家であり，外宇宙の神秘と内宇宙の神秘の相即（密接不離に呼応していること）を体験し，それを解き明かします．外宇宙の神秘は両界曼荼羅として可視化され，内宇宙の神秘は「十住心」の心の哲学として分析されます．

空海は「如実知自心」という一言で仏道探究をいい表しますが，その「自心」には意識の浅深（レベル）があって千差万別です．それを体系的にカテゴライズして十段階に分類しました．空海は，心の階層性を明示しつつ，その高みへの道のりを「十住心」の進化による「即身成仏」への道として示し，真言や曼荼羅を駆使してそれを実現する密教修法を「三密加持」として明示します．空海の「十住心」とは，低次の心の段階である第一住心から最高次の心の段階である第十住心の世界へと進化向上する「心の道」の提示であり，そのような心の階層性を「如実知自心」することが「即身成仏」への過程であるとされます．その十の心のグラデーションを『秘密曼荼羅十住心論』と『秘蔵宝鑰』で次のように示します．

第一異生羝羊心——無知で六道輪廻（地獄・餓鬼・畜生・修羅・人・天）の迷いの世界のなかにある心．

第二愚童持斎心——他者に自分のもつ食物を施す心．人倫の始まりで，五常や五戒や十善戒など儒教の道徳心や仏教の戒律を実践する心の段階．

第三嬰童無畏心——純粋な子どものような宗教的な心が目ざめる段階．バラモン教のサーンキヤ哲学やヴァイシェーシカ哲学やヒンドゥー教やジャイナ教など，十六種外道の宗教や哲学の段階．

第四唯蘊無我心——自我の実体を否定する無我心の段階．色・受・想・行・識の五つの存在要素，すなわち五蘊が和合したものとしての自我の無我性を自覚する声聞乗の段階．

第五抜業因種心—— 一切は因縁よりなることを悟る縁覚乗の段階．

第六他縁大乗心——衆生に対する慈愛の心が起きる大乗の段階で，とくに唯識派の法相宗の段階．

第七覚心不生心——空観による心の静まりと安楽がもたらされる空観を説く中観派の三論宗の段階．

第八一道無為心——如実知自心や空性無境心の法華一乗を説く天台宗の段階．

第九極無自性心——重々無尽の事事無碍法界の縁起を説く華厳宗の段階．

第十秘密荘厳心——自らの心の源底を覚知し，身体数量を証悟する真言密教の最高の段階．

空海は，このように，心はグラデーションをなし，十の段階に階層化されていると説きました．そして真言密教こそが人間の心のすべての諸相を包含し，最高の心の段階・境地（究境地）にまで到達できる最高・最善の道であると主張し，「如実知自心」，すなわち如実に自分の心を知って，その「源底」を知ることがすべての鍵であると強調するのです．『般若心経秘鍵』の冒頭では，「それ仏法遥かにあらず，心中にしてすなはち近し」と述べていますが，要するに，自己の「心中」の「本心」を明晰に「照見」してみなさい，そうすれば「即身成仏」することが可能ですよ，と説いたのです．

そして，このような心の哲学を，密教の目も綾な曼荼羅（マンダラ）の図絵や神秘的な印契（ムドラー）や真言（マントラ）など，五感をフル活用した感覚変容の回路の開顕を通して身体化します．その心の哲学の広大さと，具体的な修法や五感に訴える感覚調度の玄妙さに当時の宮廷人も民衆も幻惑されます．まさに，空海の真言密教は「宇宙と心の神秘」を人々に絢爛豪華な形で指し示し，感受せしめたのです．胎蔵生（界）・金剛界という両部の曼荼羅図絵によって，そこに塗り込められた心と世界の階層性と連続性を絵解きしますが，それは当時の都人を魅了したことでしょう．

空海は，「心」の状態とその様態とレベルこそが存在の状態の現れを変化させる身心変容の触媒であると指摘します．そしてその「心」の状態を瞬時にして変化せしめる具体的な方策は，言葉＝真言であり，音・響きであり，文字です．それが，「真言宗」と名乗る所以です．身心変容を真言という大日如来の神秘言語によって実現成就するのです．そこでは，言葉と心，とりわけ大日如来の言葉＝真言と心＝秘密荘厳心こそがすべての鍵となります．

『声字実相義』では，

五大にみな響あり	五大皆有響
十界に言語を具す	十界具言語
六塵ことごとく文字なり	六塵悉文字
法身はこれ実相なり	法身是実相

という詩（頌）でその真言哲学の世界観を表します．

宇宙を構成する地・水・火・風・空の「五大」の要素はみな音響を発しており，地獄界から餓鬼・畜生・修羅・人・天・声聞・縁覚・菩薩を経て仏界にいたるまでの「十界」には響き＝声から起こった十種の「言語」があります．しかし，仏界を除く九界の言語はみな妄語であって，仏界の言語のみが真実語（秘密語）です．また色・聴・香・味・触・法の「六塵」の文字もすべて根源的存在である法身大日如来の姿の流出です．だから，あなたの「心」がその「心」の「実相」を覚るかどうかが一番のキモなのだと迫るのです．

人はみなその「自心」の本性の秘密荘厳を如実に知ることができればそのまま即身において成仏できるのですが，まことに残念ながら，衆生はその秘密の真意を悟らずにこの世の苦界の中で惑い苦しんでいるのです．そこで，大日如来は「三密加持」という方法を示し，その修法を行じ実現成就することによって，迷える衆生と悟れる如来の秘密が「入我我入」し，相同し，融合することによって「即身成仏」の道が啓かれると説くのです．そしてそのメカニズムをこう表現します．「如来の大悲と衆生の信心とを表す．仏日の影，衆生の心水に現ずるを加といひ，行者の心水，よく仏日に感ずるを持と名づく．行者もし能くこの理趣を観念すれば，三密相応するが故に，現身に速疾に本有の三身を顕現し証得す．」

いわゆる「加持祈祷」の「加持」とは，大日如来の光が衆生＝行者の心に映じるさまに感応することを意味します．がゆえに，その本質的「理趣」を「観念」することができれば，「三密相応」して，「現身」にすぐさま法身・報身・応身という「本有の三身」を顕現・体得・証明することができます．これがすなわち「即身成仏」だと説くのです．なんだか，小学生に難解な相対性理論や量子力学を説いて聞かせているような感じもしないではありませんが，究極の答えとして「即身成仏」の可能性とその具現化の道筋を示します．

空海は，十段階の心の秘密をコンパクトに解き明かした著作である『秘蔵宝鑰』の序詩を「悠悠たり，悠悠たり，太だ悠悠たり，／内外の縑緗千万の軸あり．／杳杳たり，杳杳たり，甚だ杳杳たり，／道をいひ，道をいふに，百種の道あり」と始め，「生れ生れ生れ生れて生の始めに暗く，死に死に死に死んで死の終りに冥し」と締めくくります．まさにこの悠久の宇宙のなかでさまざまな道があって，そこで生死の迷いと狂いの流れのなかに私たちは巻き込まれてしまうのですが，しかしそうしたなかにも，その秘奥には大日如来の秘密曼荼羅世界が内在し，また顕在するのです．その究極の教えと答えは，「『秘密金剛は最勝の真なり』とは，この一句は真言乗教の諸乗に超えて究境真実なることを示す」という『秘蔵宝鑰』の最後の言葉に端的に表現されています．これが存在世界の実相であり，「秘密の宝」を開ける「鍵」，「秘蔵宝鑰」なのですよ，と空海は諭し示すのです．

その空海の明確な「即身成仏」の命題は，『即身成仏義』のつぎの頌に余すところなく示されています．

六大無礙にして常に瑜伽なり	体
四種曼荼は各々離れず	相
三密加持すれば速疾に顕わる	用
重重帝網なるを即身と名づく	無礙
法然に薩般若を具足して	
心数心王刹塵に過ぎたり	
各々五智無際智を具す	
円鏡力の故に実覚智なり	成仏

六大とは，「地・水・火・風・空」という宇宙を構成する5つの物質的元素（五大）に「識」という認識機能を加えた6つの宇宙原理を指します．それらの六大元素が常に相互作用し合っていて緊密に結びつき，法曼荼羅・大曼陀羅・羯磨曼荼羅・三昧耶曼荼羅という4種の曼陀羅も相互に密接不離の関係にあるので，そのようななかで，修行者が身に印を結び，口に真言を唱え，心のなかに仏をイメージして，修行者の身口意の三業を大日如来の秘密の身口意の三密に入我我入し融合することができたならば，速やかに合一の境地にいたることができます．そのようにあらゆる網の目のネットワークでつながり合い，結び合って融合や合一への指向と契機をもっているのが身体というものなので，その身心に内蔵された理と智を総動員して純化することができるならば，仏の五智（大円鏡智・平等性智・妙観察智・成所作智・法界体性智）を具現することもできます．そのような力動がこの宇宙に貫かれているのですから，ただ私たち衆生はそのことを「如実知自心」して，「実覚智」すればよいのです．そうすればみな「即身成仏」できるのですよ，と空海は力強く宣言します．

5.4 宇宙瞑想から内臓瞑想へ―覚鑁の「五輪九字」瞑想

重重無盡にネットワーク化されている宇宙と自己の身心の根源的同一性（我即大日）に基づく空海の「即身成仏」の思想（教相）と「三密加持」の修法・実践（事相）を踏まえて，それをさらに深化・発展させたのが興教大師覚鑁（かくばん）（1095–1144）です．

当時の日本では1052年から「末法の世」に入ったと信じられていたので，覚鑁は，その末法の時代にあって，空海以後の思想や社会動向の変化のなかでもう一歩，時代の流れを受けながら，思想と修法を展開していきます．それはまず，真言密教の法身大日如来と浄土教の報身阿弥陀如来の接合を図ることで，末法の時代の新しい瞑想と救済を社会発信しようとした点に新しさがありました．つまり，大日如来の真言と阿弥陀如来の真言を合体させた点が覚鑁の新機軸だったのです．それに加えて，その頃に造塔され始めた「五輪塔」を真言密教的な五大思想と道教的な陰陽五行思想を結びつけて，理論整備します．インド流の五大哲学（地・水・火・風・空）と中国流の五行哲学（木・火・土・金・水）とを大胆に結びつけるのです．それだけでも相当な荒業ですが，それを踏まえて，密教の最重要経典の1つである『金剛頂経』に基づく五相成身観という瞑想法を，「五輪塔」という「墓」と結びつけたところに最も重要な覚鑁瞑想の革新がありました．いわば，末法の時代の意識が深まっていくときに，お墓と身心を同一視する瞑想法を確立したわけです．時代の先を読む救済観と瞑想法を社会実装したということができるでしょう．こうして，覚鑁は，「五輪塔」という墓を瞑想する身体に見立てて，さらにそこに内臓＝五臓六腑を内視する思想と瞑想法を確立したのです．

「五輪」とは，「五大（地・水・火・風・空）」のことで，これは「ア・ヴァ・ラ・カ・キャ」という胎蔵生（界）大日如来真言でいい表されます．それに対して，「九字」は「オン・ア・ミリ・タ・テイ・セイ・ラ・ウン」という阿弥陀如来の真言です．覚鑁は，この大日如来の「密厳浄土」と，末法の世の救済仏である阿弥陀如来の「極楽浄土」が，じつは同一であるのだと主張します．そして，この時代を生きる人々の心に真言密教と浄土思想に基づく念仏真言を接ぎ木するわけです．そして，五輪塔の形態と構造を大日如来の姿形や印と結びつけていきます．

①方形＝地輪＝結跏趺坐形

②円形＝水輪＝胎蔵生（界）大日如来印

③三角形＝火輪＝金剛界大日如来印

④半月形＝風輪＝顔形

⑤宝珠形＝空輪＝頭形（座禅・禅定の形，三密加持）

それに加えて，覚鑁は主著『五輪九字明秘密釈』で，この地・水・火・風・空の五大・五輪をつぎのような人間身体の内臓の五臓と結びつけます．

地「肝の蔵は眼を主(つかさど)る」

水「肺の蔵は鼻を主る」

火「心の蔵は舌を主る」

風「腎の蔵は耳を主る」

空「脾の臓は口を主る」

そして，その五臓六腑を密教の五智・五仏や明王や菩薩に対応させるのです．

肝—青—木—大円鏡智—阿閦如来—金剛菩提心三摩地門

心—赤—火—平等性智—宝生如来—福徳金剛三摩地門

肺—白—金—妙観察智—無量寿如来—智慧金剛三摩地門

腎—黒—水—成所作智—不空成就如来—羯磨金剛三摩地門

脾—黄—土—法界体性智—毘盧遮那如来—法界六台金剛三摩地門

胆—降三世明王，大腸—軍荼利明王，膀胱—焔鬘徳迦明王（大威徳明王），
小腸—金剛夜叉明王，胃—不動明王，三焦(みのわた)－普賢菩薩

このような密教的五智・五仏観を道教的五行・五臓観に接合したテキストは，善無畏三蔵がサンスクリット語から漢語に翻訳したといわれる『三種悉地破地獄転業障出三界秘密陀羅尼法』に先駆形がみられますが，これはしかしインド伝来のものではなく，中国で撰述されたものと考えられています．ここには，たとえば，肝臓が酸味，心臓が苦味，脾臓が甘味，肺臓が辛味，腎臓が鹹味を好むなどと述べられていて，インドの五大思想と中国の五行思想の結合がみられます．しかし，日本の院政期に活動した覚鑁の独創は，それをお墓の五輪塔と切り結ぶ瞑想に身体化した点にあります（図 5.1）．

それでは，覚鑁はどのようにして陰陽五行説や道教思想を取り込んだのでしょうか．中医学の古典とされる『黄帝内経』「霊枢」邪客には，「天に五音あり，人に五臓あり．天に六律あり，人に六腑あり．…此れ人と天地と相・応ずる者なり」とあります．ここでは「五臓」と「五音」との照応関係が示されています．『黄帝内経』には「五音は五臓に入る」ともされていて，それが五臓・五音の導引（気功）をも生み出します．『黄帝内経』などでは，「天の五音」は

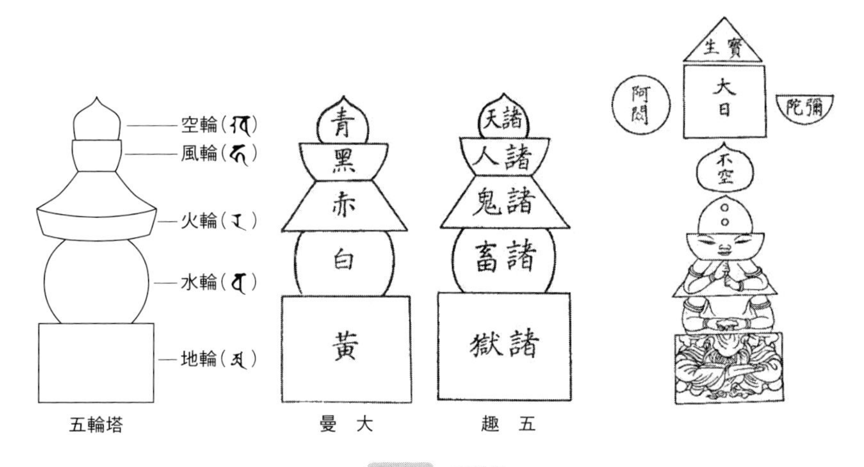

図 5.1　五輪塔
（宮坂宥勝（編注）興教大師撰述集 下巻，山喜房仏書林，1977.）

「角・徴・宮・商・羽」とされ，五行の「木・火・土・金・水」や五臓の「肝・心・脾・肺・腎」に対応します．そこで，五音の角の音は肝臓，徴の音は心臓，宮の音は脾臓，商の音は肺臓，羽の音は腎臓に入るとされます．古代の宮の音は現在のド，商はレ，角はミ，徴はソ，羽はラにそれぞれ対応します．

このように，五音が五臓に対応すると考えるのは中国的な身体思考ではありますが，それを覚鑁は真言密教の五輪あるいは五輪塔瞑想に結びつけたのです．

覚鑁が活躍した 12 世紀に，中国の宋の時代には禅が隆盛となりました．覚鑁が死去し，栄西（1141–1215）が出て，新しい中国仏教を学ぶために，1168 年に南宋に留学して天台山万年寺で禅を学び，1187 年再度南宋に渡って 1194 年に天台山万年寺の虚庵懐敞から臨済宗黄龍派の嗣法印可を受けて帰国し，1195 年に九州の博多に日本で最初の禅道場として聖福寺を創建し，後に『喫茶養生記』を著述します．栄西は日本に中国からお茶の栽培と喫茶の作法を導入した密教と禅の兼修者でした．

栄西が著した『喫茶養生記』には，「茶は養生の仙薬なり．延齢の妙術なり．山谷之を生ずれば其の地神霊なり．人倫之を採れば其の人長命なり．天竺，唐土，同じく之を貴重す．我が朝日本，亦嗜愛す．古今奇特の仙薬なり．摘まずんばある可からず．謂く，劫初の人は天人と同じ．今の人漸く下り，漸く弱く，四大五臓朽ちたるが如し．然らば，鍼灸も並に傷り，湯治も亦或は応ぜざるか．若し此の治方を好しとせば，漸く弱く，漸く竭きん．怕れずんばあるか可からざるか．昔は医方添削せずして治す．今人は斟酌すること寡きか．付して唯れば，天，万像を造るに，人を造るを貴しとなす．人，一期を保つに，命を守るを賢しとなす．其の一期を保つの源は，養生に在り．五臓を安んず可し．五臓の中心の蔵を王とせむか．心の臓を建立するの方，茶を喫する是れ妙術なり．厥れ，心の臓弱きときは．則ち五臓皆病を生ず．寔に印土の耆婆往いて二千余年，末世の血脈誰か診むや．漢家の神農隠れて三千余歳，近代の薬味誰か理せむや．然れば則ち，病相を詢とふに人無く，徒に患ひ徒に危うきなり．治方を請ふにも悞有り．空しく灸し，空しく損ず．偸に聞く，今世の医術は則ち，薬を含みて，心地を損ず．病と薬と乖くが故なり．灸を帯して，身命を夭す．脈と灸を戦うが故なり．如かず，大国の風を訪ねて，以って，近代の治方を示さむには，仍つて二門を立てて末世の病相を示し，留めて後昆に贈り，共に群生を利せむと云ふのみ．時に建保二年甲戌歳春正月日叙す．」と序文がしたためられています．

ここには，「喫茶」が「五臓」の「養生」にいかに有効であるかが強調されています．――養生には肝・心・脾・肺・腎の五臓が調和されなければならない．五臓の調和なしに健康長寿を保つことはできない．多くの日本人は酸味も甘味も辛味も鹹味も適宜摂取しているが，苦味の摂取が少ないので心臓が弱り，よって健康長寿を保つ者が少ない．その苦味を含む食物の代表が茶で，中国人は茶を常飲しているので，健康長寿を維持することができている．要するに，茶は「養生の仙薬」であり，「延齢の妙術」であり，「末世の病相」を癒す力をもつ．

これが栄西の喫茶哲学であり喫茶養生法なのです．この頃，中国では，医薬と食餌と導引（気功）を総合していく養生文化が確立していきます．導引を用いて人体の気脈の循環を整え，五臓六腑や身体全体の機能を強め，疾病の侵入を防ぎ，食餌法により人体の精気を補い，気血を旺盛にし，めぐりをよくし，人体の陰陽の偏りを調節し，医薬法を用いて気血の偏りや欠損を補い，病人を治療し助けるという，導引・食餌・医薬の総合化を図る養生体系が形成されていくのです．

それに関連して，道教の身体内観を描いた「内経図（内景図）」では，「気」という根源エネルギーを練磨していく「内丹術」の世界観が示されています．そこでは，身体内部に宇宙や世界が内包されています（図5.2）．ここには，人体という小宇宙が大宇宙と照応していることがはっきりと描かれています．

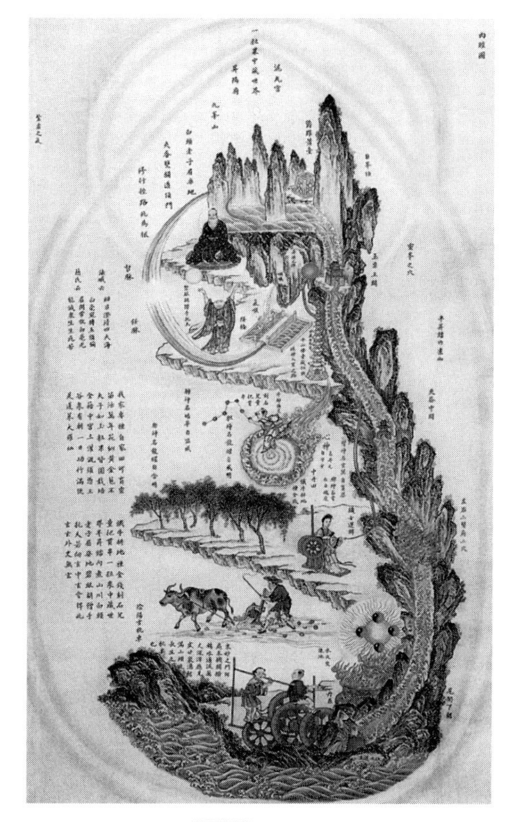

図 5.2　内経図

内径図は，山から川が流れている風景画のように見えますが，座った状態の人の側面を表す図にもなっています．全体の構成は，上丹田と中丹田と下丹田の3層に分かれ，上丹田の上部の頭と顔のところには神仙の住む峩々たる山脈が描かれ，中丹田の中部には牽牛と織姫が北斗七星や糸車を運行させている姿が描かれ，下丹田の下部には童男童女が水車を回し農夫が牛を使って田を耕している場面が描かれています．頭部の九峰山からは水が流れ落ちているようでもあり，上部と中部との境に「十二楼臺藏秘訣」と書かれた十二重の塔が描かれています．頭部の2つの小円（丸）は両目と日月を象徴します．両目の上には，老子が腕組みし結跏趺坐の形で座っています．その上には「白頭老子眉垂地」の文字が見えます．両目の下には，大きく両手を天に捧げている禅の開祖の達磨大師が立っており，「碧眼胡僧手托天」と記されています．中部には，童男の牽牛が渦巻きの上で北斗七星を手にとっており，その下に童女の織姫が糸車を回して機織りをしているさまが描かれています．下部には，童男と童女が仲良く語らいながら生命の海から気を汲み上げる水車を回している姿と，農夫が牛を使って田を耕している姿が描かれています．つまり，下丹田では「錬精化気」，中丹田では「錬気化神」，上丹田では「錬神還虚・還虚合道」が象徴され，人体が大宇宙と小宇宙をつなぐ気という生命エネルギーの循環の場になっていることが示されます．この図の一番上には，「一粒粟中蔵世界」と書かれていますが，一粒の栗でもある身体のなかに全宇宙が内包されているのです．

このような身体内宇宙図をもつ中国養生文化は，中国伝統文化の精髄であり，その核心には真言密教の「即身成仏・我即大日」とも通ずる「天人合一」の思想があります．つまり，自己身体を宇宙身体にまで同調させ拡張させる思想と技法が伝承されているのです．覚鑁は，そうした中国古代思想をさらに独自に日本式の「五輪塔」瞑想にまで接合した点で日本的独創を発揮したといえるでしょう．

5.5 心の境涯と諸相―廓庵の「十牛図」と「熊野観心十界曼荼羅図」

さて，中国で描かれるようになる禅の「十牛図」を紹介します（図 5.3）．北宋の臨済宗楊岐派の禅僧であった廓庵は，悟りにいたる階梯を十の段階の図と頌（詩偈）で示しました．その十の段階とは，

①尋牛―悟り・菩提・仏性の象徴である牛を探そうと発心する段階
②見跡―仏性を見いだす手がかりを教典や教義などの分別によって知った段階
③見牛―禅の修行で仏性を見性した段階
④得牛―仏性を体得・体現していく段階
⑤牧牛―仏性を体現し生きる段階
⑥騎牛帰家（きぎゅうきか）―仏性を体現して自己本来の根拠に立ち帰る段階
⑦忘牛存人―仏性を探求してきたことにこだわりがなくなる段階
⑧人牛倶忘―悟りを求めて修行してきたことも悟りを得たことにも囚われがなくなった段階

⑨返本還源（へんぽんかんげん）—こだわりがなく，本来清浄のありのままの根源に立ち帰る段階

⑩入鄽垂手（にってんすいしゅ）—ふたたびこの世俗の世界に分け入って，人々に悟りにいたる仏の道を伝えていく利他の段階

です．ここでは，探究されるべき真の自己が牛の姿で象徴されています．

このような「十牛図」を通して，仏性という本来的自己の探求が示され，それと同時に，そうした探究がもたらすさまざまなこだわりや制約からも真に自由な境地が示され，諸種の執着から離れた次元で利他の世界が広がっていくことが提示されます．修行の過程が明確にプログラム化され，ガイドラインが示されているのです．このような見取り図をもつことによって，探究者は自己探求の歩みを確認できます．禅や瞑想などの諸種の身心変容技法がもたらすさまざまな「魔境」などの幻想的・妄想的事態からも自由で自在な境地へのリセットが担保されることになるので，この図は1つの案内図でもあり，生命保険でもあります．

図5.3　十牛図

「十牛図」は，修行者がたどるべき求道（尋牛）と道，つまり菩提（＝牛）の獲得をたいへんわかりやすく表現しています．「牛」に象徴される「解脱（悟り・菩提）」を求める少年が，牛の足跡を見つけ，居場所を発見し，捕まえ，飼い慣らし，牛の背に乗って帰ってゆく過程が前半の六段階です．その後一転

して，悟りの表象＝牛が姿を消します．そして，少年は牛を忘れ，牛を追いかけていたことも忘れ，自己を忘却し，無我・空の境地に入ります．真白の円相で描かれるその第八図「人牛倶忘」は，悟らねばならない，やっと悟ったという修行者の執着を超えた「悟り」の境涯を示しています．そして第九図「返本還源」では，川が流れ，花が咲く，「自己ならざる自己」としての自然の姿が描かれ，第十図「入鄽垂手」では，その自然のなか，道の真ん中で少年と老人が出会う場面が描かれます．それがそれであり，彼が彼であり，我が我でありながら，彼我の交わりと自然や他者との交わりが立ち起こる場．それは「悟り」や「解脱」というこだわり（執着）をもう一遍捨て超え出たところにおのずと立ち現れる境涯であると「十牛図」は諭すわけです．

つぎに，中国で成立した「十牛図」に対し，日本の中世に成立した「熊野観心十界曼荼羅図」を紹介しましょう（図 5.4）．中世は「心」の時代であり，同時に「霊智・霊覚・霊性」など「霊」のつく語彙が頻出する「霊」の時代でもありました．その中世にさまざまな「心直し」が試みられます．法然や親鸞や一遍の称名念仏の「信心」もその 1 つですし，栄西や道元や日蓮が説いた「安心」や「安国」を得るための禅修行や法華信仰もその 1 つです．そうした「信心」や「安心・安国」が中世に急浮上してくるのは，源平の合戦（1185 年）などの戦争や大地震などの自然災害が多発した「乱世」であり「末世」であり「末法の世」と意識されていたからでした．この時代に，いかなる場所にも「安全」はありませんでした．

そのような世相のなかで，阿弥陀如来の本願を「信心」する浄土教が広まります．1212 年著述の鴨長明の『方丈記』に記されているように，都の市中には 3 万 4000 体もの死体が転がっている状態でした．そのような時代にあって，たいへんな貧病争で苦しんでいる「心」に最も深くダイレクトに届いたのは，「南無阿弥陀仏」と唱えれば阿弥陀如来の本願によって救われるという「信心」とその作法だったことでしょう．

法然は 1198 年に『選択本願念仏集』を著し，「易行」としての浄土門の思想と称名念仏のワザ（作法）を人々にわかりやすく届けます．それはその時代の新しい救済であり，スピリチュアルケアだったと思います．それは，密教などの「自力聖道門」に代わる「他力易行門」の思想と実践でした．この法然らの

図 5.4 熊野観心十界曼荼羅図

「他力易行門」は，この時代の「心」を突き刺すこころとワザであったために，またたく間に支持者を増やしていくことになります．

そうした時代を背景に，熊野が阿弥陀如来の浄土であるという神仏習合の思想が生まれてきます．そしてそこに，日本中世独特の「熊野観心十界曼荼羅図」とそれを絵解きして解いていく聖（ひじり）たちの活動が起こってきます．

この図絵も，大きくは，上部と中部と下部に分かれます．上部には阿弥陀如来と極楽浄土世界が，そのすぐ下に円で囲まれた「心」の金文字があり，中部には地蔵菩薩，下部には地獄で閻魔羅刹に苦しめられている地獄に堕ちた人々が描かれています．そして，最上部には日月と人の一生を象徴する人生の坂が描かれます．右の鳥居の手前で誕生した男の子が，徐々に成長して子どもから少年に，また青年に，さらに中年に，老年になって，死の床に就くまでが描かれます．そしてその人生の坂が春夏秋冬の四季に配当されます．このなかに，「地獄・餓鬼・畜生・修羅・人・天・声聞・縁覚・菩薩・仏」の「十界」と苦悩の世界（地獄）と救済の世界（極楽浄土）の両極が描かれ，それは上部真ん中の「心」のなかにすべてがあると指し示されます．「心」こそがキモなのですよ，肝心要なのですよ，その「心」のありよう次第で世界は変わりますということをこの「熊野観心十界曼荼羅図」は示しているのです．

5.6 「心」の特質

「心」とはたいへん不思議なものです．その「心」を最も精密に観察し変容させようとしたのが仏教だと思いますが，私の観点からいえば，「心」が重要なのは「嘘」をつくことができるからです．嘘をつくということは単純に悪いこととはいえません．自分がとても疲れているとき，まわりの人に心配をかけないように，「大丈夫ですよ．心配いりませんよ」などと配慮することがあります．「嘘も方便」といわれるくらいですから，それは配慮や心配りともなりえます．

たしかに，嘘やごまかしのなかに人間的なおもんぱかりも込められるのですが，同時にそこにさまざまな計らいや策謀や隠し事が込められることも事実で，それが複雑な悲嘆や苦悩の表現とも要因ともなってきます．

そのような「心」の特性を踏まえて，私は，人間の体と心と魂との３層関係を，「体は嘘をつかない．が，心は嘘をつく．しかし，魂は嘘をつけない」というようにしています．つまり，「嘘をつかない体，嘘をつく心，嘘をつけない魂」という３層のそれぞれの特性が私たちの苦悩や痛みの源泉ともなり，また，解決の道筋を示す源泉ともなります．

体と魂が嘘をつかないか，つけないのに対して，心だけが嘘をつくことができます．とすれば，問題の核心は，その「嘘をつく心」を私たちがどう扱うかということになるはずです．

お釈迦様，すなわちゴータマ・シッダルタ（仏陀）は，『法句経』の冒頭で，「ものごとは，心にもとづき，心を主とし，心によってつくり出される．もしも汚れた心で話したり行なったりするならば，苦しみはその人につき従う．—車を引く＜牛＞の足跡に車輪がついて行くように」，「ものごとは，心にもとづき，心を主とし，心によってつくり出される．もしも清らかな心で話したり行なったりするならば，福楽はその人につき従う．——影がそのからだから離れないように」（『ブッダの真理のことば・感興のことば』中村元訳，岩波文庫）といったと伝えられています．そこには，「心」のありようこそが「苦しみ」も「福楽」ももたらす基幹であり，はたらきそのものなのだという認識があります．だからこそそうした認識に基づいて，「実にこの世においては，怨みに報いるに怨みを以てしたならば，ついに怨みの息むことがない．怨みをすててこそ息む．これは永遠の真理である」と述べることになるわけです．苦や煩悩などの負の感情を浄化するにはどうしたらいいかを仏教は教えます．それとともに，その心がどのようなはたらきをするかをたいへん精緻に観察し考察し運用していきます．

そうした心の負の感情の浄化法としての仏教をニーチェは『この人を見よ』（1888 年）において「精神の衛生学」といい，ゴータマ・シッダルタを「あの深い生理学者仏陀」と称えていますが，これは言い得て妙な洞察だと思います．「ルサンチマン」という負の感情に冒され覆われているのがキリスト教だととらえるニーチェからすれば，その「ルサンチマン」を解放・浄化する仏教こそ「精神の衛生学」（hygiene：衛生学・健康法）として活用すべき身心変容技法であったのでしょう．

人類は，「嘘をつける心」をもったために，宇宙や世界や自己をさまざまな観点や角度からとらえ，思想化し，変革を加え，それによっていろいろな問題や苦悩をも生み出してきました．同時にその解決法をも示してきました．そして今，現代，私たちは私たち自身の「心」をとらえ，自覚しつつ，「心」が宇宙や世界や他者とどのようにかかわっていくかを見定め生きていかなければなりません．空海のように「如実知自心」にいたることができるかどうかはともかくとして，心に「秘蔵宝鑰」があることだけは間違いないでしょう．宇宙研究は人間の「心」研究に直結する，私はいつもそのように思っています．

引用文献

赤司道雄：聖書—これをいかに読むか，中公新書，1966.
倉野憲司：古事記，岩波文庫，1963.
聖書，日本聖書協会，1954–1955.
月本昭男：古代メソポタミアの神話と儀礼，岩波書店，2010.
古田紹欽訳注：栄西 喫茶養生記，講談社学術文庫，2000.

参考文献：初心者向け

加藤精一：空海入門，角川ソフィア文庫，2012.
空海（著），加藤純隆・加藤精一（訳）：空海「三教指帰」（ビギナーズ日本の思想），角川ソフィア文庫，2007.
セリエ，フィリップ（著），支倉崇晴・支倉寿子（訳）：聖書入門，講談社選書メチエ，2016.
張　明亮（著），山元啓子（訳）：気功の真髄—丹道・峨眉気功の扉を開く，KADOKAWA，2015.

参考文献：中・上級者向け

鎌田東二：身体の宇宙誌，講談社学術文庫，1994.
鎌田東二：古事記ワンダーランド，角川選書，2012.
鎌田東二：聖地感覚，角川ソフィア文庫，2013.
空海（著），加藤純隆・加藤精一（訳）：空海「秘蔵宝鑰」—こころの底を知る手引き（ビギナーズ日本の思想），角川ソフィア文庫，2010.
南京中医学院医経教研組（編），島田隆司ほか（訳）：黄帝内経素問—現代語訳，東洋学術出版社，1991.

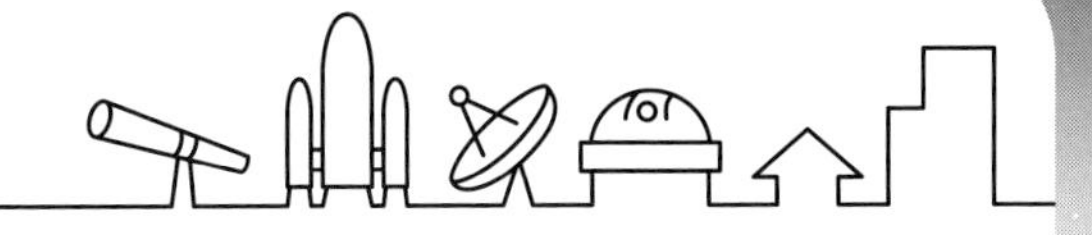

chapter 6

宇宙人文学

中野不二男

「宇宙人文学」というタイトルを見て，「宇宙人の文学」を期待した人もいるかと思います．残念ながら宇宙人は登場しません．「宇宙–人文学」とは，地球観測衛星によって取得されるさまざまなデータと，人文科学分野の情報を融合して新たな知見の獲得を目指す，いわば文理融合の新領域です．

たとえば，伊邪那岐命（いざなきのみこと）と伊邪那美命（いざなみのみこと）による「国生み」に始まる『古事記』や，日本最古とされる歴史書『日本書紀』の記述には，科学的な裏づけはありません．また平安時代の中期に記された『更級日記』に綴られている関東平野の描写には，いろいろ疑問が多いといわれていますし，安藤広重の描いた「東海道五十三次」もデフォルメされた構図であり，現実の景観とは異なっています．

図 6.1
「天瓊を以て滄海を探るの図」（小林永濯画，ボストン美術館所蔵）

ならば，こうした文献や絵図にある描写は，歴史的な価値は高いものの，当時の国土情報を知る上では，あまり役に立たないのでしょうか．たしかに伊邪那岐命と伊邪那美命が海を矛でかき混ぜると島ができたとする「国生み」は，明らかに神話でしょう（図 6.1）．

しかし，こうした古文書や古典文学あるいは絵図も，科学的な視点から細部に注目してゆくと，古代の地形を示唆する情報がわずかながら含まれているように思われます．それらの情報を抽出し，衛星データと融合することにより，律令時代の古代官道や平安時代の海岸線などを示す手がかりがみえてきます．その手がかりをもとにして，さらなる発見があるかもしれません．

「宇宙人文学」は，理系と文系の境界線がまったくない領域なのです．

6.1 三内丸山遺跡と海岸線

いたるところで衛星画像を目にするようになりました．それも年を追うごとに精度がよくなり，今や山々の起伏はもちろんのこと，都市部のビルの 1 つひとつや高速道路を走る車の形状さえも確認できるほどです．こういう画像を見ていると，「景観」を想像せずにはいられません．縄文時代や平安時代など，古代の人々が目にしていた地形や景観です．海岸線はどのあたりにあったのだろうか．人々はどこを歩いていたのだろうか．人々の目には，どんな景観が映っていたのだろうか，そんなことが気になってきます．そこで衛星データを利用して，日本最大級の縄文集落とされる，三内丸山遺跡（青森県）について考察してみます．使用した衛星データは，JAXA の陸域観測技術衛星 ALOS（Advanced Land Observing Satellite：だいち，図 6.2）によって取得されたものです．

三内丸山遺跡は，青森湾に面したJR 青森駅から車で 20～30 分のところに広がっている，広大な集落の跡です．縄文時代の中期，約 5500 年前から 4000 年前のおおよそ 1500 年間にわたり，人々が生活を営んでいたとされています．1500 年間というのは，じつに長い時間です．日本の古代国家が成立する古墳時代から現代にいたるまでの時間に匹敵しますから，もはや大集落というよりも「小国家」といえるほどの歴史です．それほど長期にわたって人々が住んでいたということは，ここが暮らしやすかったからにほかなりません．不動産屋

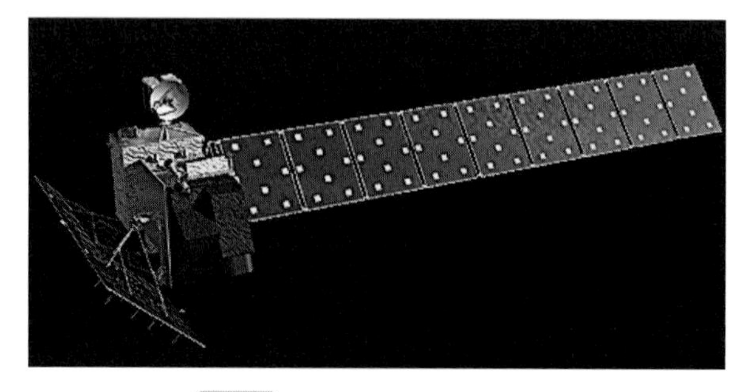

図 6.2　ALOS（だいち）（JAXA）

風にいえば,「環境・利便性抜群, 文化と歴史の香り高い町」だったはずです. しかし約4000年前, その一等地から, 人々の姿が消えていきました. 大集落は放棄され, ゴーストタウンと化してしまったのです. なぜでしょうか.

青森駅から三内丸山遺跡までは, 市街とバイパスを抜けていくと, 移動距離にしておよそ7 km. 直線ならば4.5 kmほどにすぎない距離で, 現代の感覚では目と鼻の先とはいわないまでも, たいへんに近い位置関係です(図6.3, p.125). 遺跡からは, 大型の貝塚がいくつも発見されています. 住人たちが海岸へ出ていたことは, 疑う余地もないでしょう. しかし日々の食糧調達のために, 直線で片道4 km, あるいはそれ以上を歩くのは, たとえ現代人より健脚だった縄文人であっても, けっこうな距離です. しかも集落跡から青森湾までは緩やかな傾斜があるので, 行きはともかく, 海からの収穫物を運ぶ帰りの道はきついはずです. ましてや貝塚からは, ブリやサメばかりか, クジラやアシカの骨まで見つかっているのです. たとえ海辺で解体し, 小分けにして運ぶにしても, たいへんな作業であることに変わりありません. これでは「利便性抜群」の一等地とは呼べないことになります.

じつは, 実際には, 海は近かったのです. 縄文時代の海岸線は, 現代よりもずっと内陸に入り込んでいました. いわゆる縄文海進です. 海水準, つまり海面の水位は, 地球環境の変化にリンクし変動しています. 温暖期ならば海水準は高くなり, 寒冷期なら低くなります. 縄文時代の海水準は, 現代よりおよそ5 mも高かったといわれています. これだけ海水準が上がっていれば, 海岸線は内陸のそうとう奥まで入っていたことになります. 三内丸山の大集落は, そういう縄文海進の時代に形成されたといわれています.

では, 海岸線はどのあたりにあったのでしょうか. ALOSのデータを利用して, 海岸線を再現してみます. まずはコンピュータでALOSによる画像データや標高データを組み合わせ, 3次元の青森平野を構築します. コンピュータのディスプレイに現れるのは, Google Mapなどにある「衛星写真」あるいはGoogle Earthの「立体的な衛星写真」と同じです. ただし, ディスプレイ上で構築した青森平野は, 見た目はGoogle Mapと同じなのですが, 中身は違います.「標高データ」を含んでいます(Googleの衛星写真と宇宙人文学で使用する衛星データの違いについては, 別の項で説明します). その立体画像上に,バーチャルなブルーの海面を設定します．それから海面の高さを少しずつ調節し，縄文海進の海水準である＋5 m へと近づけていきます．ディスプレイの画像上では，海岸線がしだいに内陸へ入り込み，三内丸山遺跡へと近づいていきます．まさに「海進」です（図 6.4）．実際には，バーチャルな海水面を 5 m 以上（7 m ほど）上げていますが，これは標高データの誤差やソフトウェアの精度によるもので，これについては後述します．ところでこうした作業に使用しているのは，お金をかけてカスタマイズしたような，特別仕様のコンピュータではありません．念のために記しておくと，私が使っているのは普通の Mac Pro や iMac，MacBook，それに Windows のデスクトップとノート PC です．どれを作業のメインにするかは，そのときどきです．

さて問題は，この縄文海進の再現結果です．これで本当に正しいのかと首をかしげる人も多いでしょう．じつは私自身も，ディスプレイに出てきた画像を初めて見たとき，どう理解したらいいのかわかりませんでした．何しろ縄文時代の三内丸山で暮らしていた人などいないわけですから，確かめようがありません．そこで，三内丸山遺跡の発掘に長年たずさわってきた，地元青森市の研究者が作成した推定図と照合しました．結果は，そう大きな差はありませんでした．異なっていたのは，遺跡北側に隣接している部分ぐらいです．ALOS データによる画像では，東西方向に伸びる深い入江のようになっていますが，推定図にはこれがありません．どうやら土地開発で掘られた「現代の地形」が，そのまま画像に出ていたようです．

縄文時代の海岸線はかなり内陸まで入り込んでいたようです．つまり三内丸山は，海岸線からほどほどの距離にあり「利便性抜群」の場所だったからこそ，1000 年以上にわたる大集落を形成してきたのでしょう．その大集落が 4000 年前に放棄されたのは，寒冷期に入って海退が始まったからだと思われます．海の幸を得るには不便になっていったのでしょう．地球観測衛星のデータを利用すると，このように過去の地形をヴィジュアル化してわかりやすくすることが可能になります．

図 6.3　三内丸山遺跡
黄色の枠内が三内丸山遺跡．右上が青森湾．ALOS による画像を加工．

図 6.4　縄文時代中期の海岸線
赤の枠が三内丸山遺跡．青い部分が海水面です．ALOS による画像を加工．

6.2 『古事記』と地形

『古事記』は，現存する最古の歴史書です．天武天皇が稗田阿礼に誦習させ，太安万侶が編纂し，712（和銅 5）年に成立したとされています．『古事記』のなかでよく知られているのは，日本の国土創世について記した「国生み」の神話でしょう．伊邪那岐命と伊邪那美命が天の浮橋に立ち，海に散らばる混沌とした島々を天沼矛でかき混ぜ，沼矛を引き上げると先から滴る潮が積もり，淤能碁呂島ができたという神話です．さらに2神から，2人の子ども（2つの島）が生まれます．淡道之穂之狭別島と伊予之二名島です．2つの島は名称から推測できるように，淡路島と四国とされています．しかしオノコロ島についてはわかりません．2つの島は実在するのに，オノコロ島だけは架空の存在なのでしょうか．

そもそも『古事記』は，天皇の系譜と世のなかの出来事を神話として構成した内容です．したがって天武天皇（在位673〜686年）が見聞されてきたさまざまな事象が，そこに反映されているのではないでしょうか．「神話」という形で表現されてはいるものの，その基盤には自然界で現実に起こっていたさまざまな事象が含まれている可能性があります．オノコロ島についても，モデルとなるような島があったのではないでしょうか．

ではこの時代，すなわち7世紀後半の景観はどうだったのでしょうか．三内丸山遺跡の例でもわかるように，現在とはずいぶん異なっていたはずです．この時代，政治の中心だったのはいうまでもなく近畿地方です．遣唐使による大陸との交流もありました．当時の港は，「住吉津（大阪府大阪市住吉区）」と「難波津（大阪府大阪市中央区）」です．また，紀の川の河口に近い「紀水門（和歌山県和歌山市安原付近）も，四国や淡路島と畿内を結ぶ海路の港でした．いずれも現在は内陸に位置していますが，かつては海岸だったわけです．

そこで衛星データを利用し，これらの港が海岸線に位置するように海水準を変えてみます（図6.5）．歴史地理の書籍などにイラストで出ている，古代大阪平野の地形そのものです．難波津や住吉津がある上の台地は半島のように細長く，その東側は河内湾です．そして和歌山湾のように海岸線が内陸に入り込み，紀水門が海辺になっています．

ここで当時の人々の視点について考えてみます．「国生み」の神話に記されている淡道之穂之狭別島（淡路島）と伊予之二名島（四国）を両方とも見ることができる場所は，それほど広い範囲ではありません．図6.6の緑と黄色のエリアとその付近の内陸でしょう．また，当時の都はたびたび移っていますが，おおむね赤い円の範囲内です．ここで図 6.5 もあわせて考えると，黄色のエリアから眺めるのが一般的であったかと思われます．なぜならば図 6.5 に示したように，都は海に囲まれていたので，人々が緑色のエリアへ移動するのはたいへんやっかいです．一方，黄色のエリアへは，舟で紀の川を下れば簡単に行けます．つまりそこが紀水門です．そして紀水門のあたりは，きわめて狭い範囲に小さな島々が散在する多島海だったことが，図 6.5 にも現れています．この多島海が，当時の天皇や貴族，歌人たちが訪れる景勝地であり，『万葉集』に

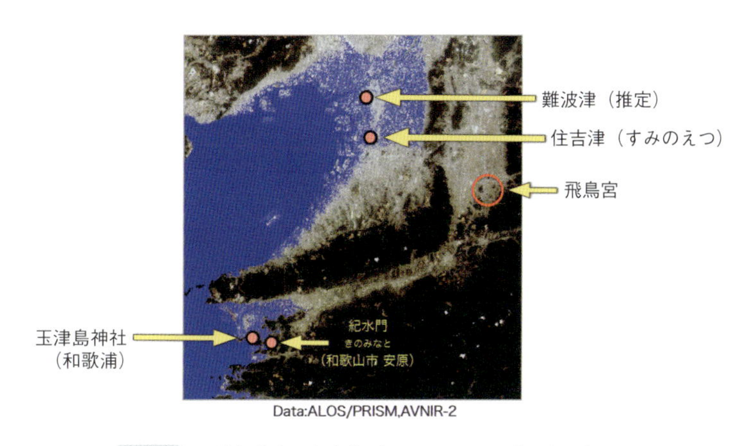

図 6.5　7 世紀後半の海岸線（ALOS による画像を加工）

図 6.6　オノコロ島のモデルとなりうる島は，どこか（Google Map から該当地域を抽出）

も詠まれていた「和歌浦」です．島の1つだった場所には，和歌の神を祀る玉津島神社もあります．

では，紀水門が港として機能していた頃の景観はどうだったのか．衛星データで再現してみました（図6.7）．ご覧になってわかるように，まさに多島海が広がっています．右上にあるのが淡路島です（画像処理の関係で，バーチャルな海水面の色に，濃淡の差が出てしまいました）．この景観は，国生み神話の記述にある「海に散らばる混沌とした島々」を彷彿とさせます．伊邪那岐命・伊邪那美命ならずとも，かき混ぜたくなるのではないでしょうか．

では，「オノコロ島」のモデルとなった島があるとしたら，それはどこに位置しているのでしょうか．図6.7ではよく見えないので，拡大します（図6.8）．画像の中央，つまり淡路島の南に，沼島（ぬしま）があります．沼島は，周囲を切り立った崖に囲まれた小さな島です．しかも島内には，縁結びの神とされる「おのころ神社」があります．なんだ，わかっていたんじゃないか，と思われるかもしれません．しかし淡路島にも「おのころ島神社」があり，どちらも祭神は伊邪那岐命・伊邪那美命です．ただし「オノコロ島」は，あるいはオノコロ島と思われている場所は各地にあり，いずれも伝承によるもので，地理地形による根拠は明確ではないようです．

こうしたいくつもの候補地のなかで，「海に散らばる混沌とした島々」がある紀水門や和歌浦から，淡路島，四国と同時に視界に入るのが，沼島です（図

図6.7　和歌山市安原の丘から西を見た景観（ALOSによる画像を加工）

6.9）．位置関係を考慮すると，オノコロ島のモデルが沼島である可能性は高いように思われます．しかし，疑問があります．沼矛を引き上げると先から滴る潮が積もってオノコロ島ができたという記述は，島がいかにも急に形成されたかのような印象があります．なぜでしょうか．これは単なるフィクションだったのでしょうか．それとも，何かモデルとなりうるような事象があったのでしょうか．

そこで『日本書紀』を調べてみます．『日本書紀』は720年に完成した最古の正史，つまり歴史書です．『古事記』が天武天皇の命で編纂された神話であ

図 6.8 ALOS のデータで再現した沼島
中央が沼島，右にあるのが淡路島．ALOS による画像を加工．

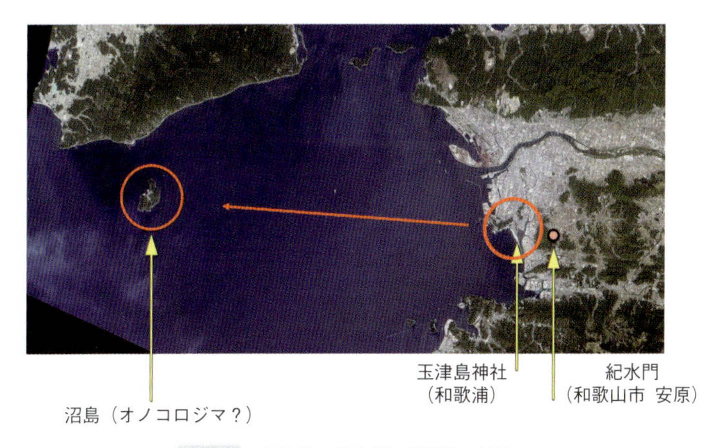

図 6.9 和歌浦，紀水門と淡路島，沼島
四国は割愛．ALOS による画像を加工．

るのに対し，『日本書紀』は歴代天皇の時代における，世のなかの出来事を中心に記されています．もちろん，天武天皇の時代についても詳しい記述があります．しかも興味深いのは，天武天皇の時代には，近畿一円を中心に，地震が頻発していたことです．天武天皇の在位期間は673～686年ですが，13年間に17回も地震が発生しています．そのうち6回はかなり詳しく記されており，なかでも684年10月14日にあった白鳳地震については，発生時の状況も詳しく描かれています．後に南海トラフによる巨大地震として歴史的にも有名になりますが，四国各地の被害状況などは『日本書紀』の他の部分と比較しても，異例といってよいほど詳細で長い記述です．天武天皇のみならず当時の人々にとっては，きわめてショッキングな出来事だったことがわかります．これほど大きな地震，つまり地殻変動があれば，地形に変化があっても不思議ではありません．実際，2013年の9月24日にパキスタンでマグニチュード7.7の地震があったとき，沖合の海上に「地震島」が出現しました（図6.10）．

沼島も，白鳳地震の地殻変動にともなって，隆起していたのかもしれません．島の周囲長が10 kmに満たない沼島と淡路島の間は，わずか4.5 km（図6.11）．しかもこの狭い海峡の下には，中央構造線が走っています．白鳳地震のとき，沼島は，急速に隆起したということは考えられないでしょうか．隆起量が大きいために，淡路島や和歌浦からも確認できたのかもしれません．その光景が，「オノコロ島」誕生のモデルとなり，『古事記』に詠み込まれることに

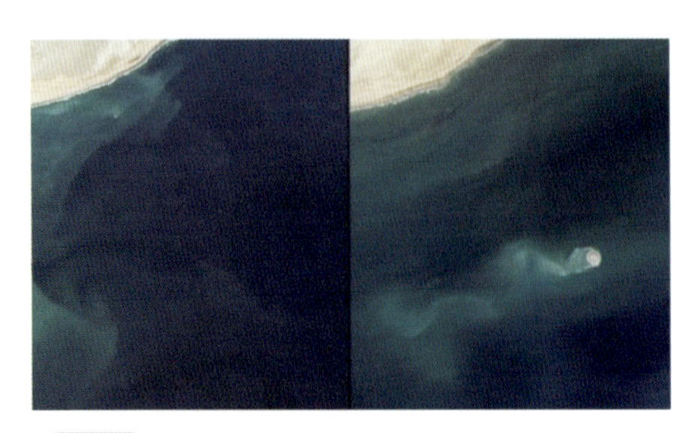

図6.10　2013年にパキスタン沖に出現した地震島（NASA）
地震発生前（左）．地震発生後に出現した島（右）．

図 6.11　沼島と淡路島の位置関係
右（手前）が沼島，左（奥）が淡路島.

なったとしても，不思議ではないでしょう.

6.3　高校生による「宇宙–人文学」

いうまでもないことですが，昨今の高校教育は理系と文系に分かれているケースが多くなっています．幅広い知識と教養を身につけるには，あまり感心できることではないと思います．もちろんそうした現状を憂えている先生も少なくありません．衛星データの技術と歴史や地理を結びつけた「宇宙–人文学」は，そうした文系・理系の境界線がありません．そのため，いくつかの高校では宇宙–人文学を「スーパーサイエンスハイスクール（SSH）」の一環として取り入れたり，セミナーを開催したりしています．10 年ほど前から，私はその活動を続けてきました．その SSH で，ある高校生が取り組んだ研究を紹介します.

高校 1 年生の彼は，中学生のときから，自宅の近くにある縄文遺跡について関心をもっていました．自宅は東京都武蔵小金井市の，JR 中央線の南側です．このあたりには国分寺崖線という，地層が崖のように剝き出しになった地形が，北西から南東へ走っています．もっとも，現在の崖線周辺は管理された緑地帯になっていたり，開発されて住宅地になっていたりして，地層などは見えません（図 6.12）．彼が注目していた縄文遺跡は，その崖線沿いにあるのです.

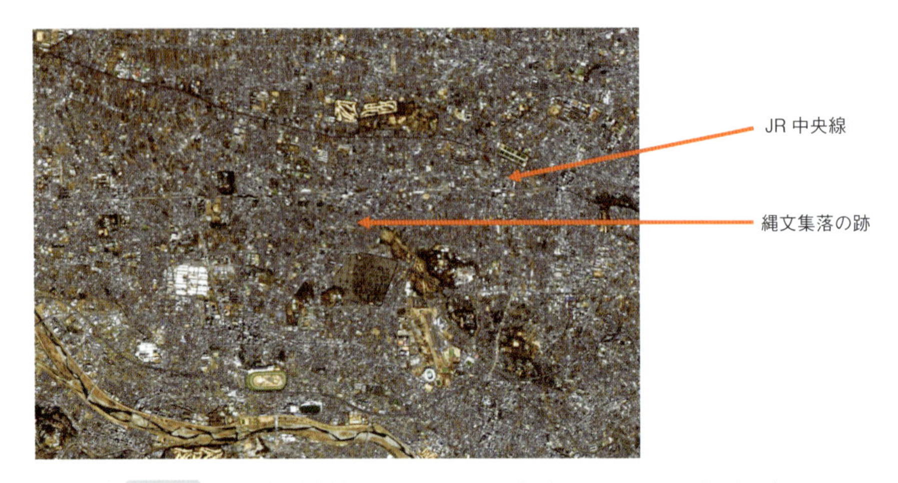

図 6.12　国分寺崖線付近の Landsat による画像（Landsat による画像を加工）

少し南には野川という一級河川があり，さらに南へ行くと多摩川です．そういう水量の豊富な川がありながら，縄文人はなぜ崖線近くで暮らしたのか，気になっていたようです．そこで彼は，湧水との関係を考えました．水は，ヒトが生活していく上では必要不可欠．実際，崖線の近くには，湧水の出る場所があるのだそうです．では，どのくらいの湧水があるのでしょうか．

調べるのに使用したのは，米国の地質調査所（USGS）が公開している，地球観測衛星 Landsat（ランドサット）8 の熱赤外線センサによるデータです．地球観測衛星は，一般に地上からの太陽光の反射を，いくつもの波長に分けて，それぞれのセンサで画像データを取得しています．これらを，バンドといいます．最も一般的な例でいえば，赤い色（read）の波長だけを読み取るセンサ，緑色（green）の波長を読むセンサ，青色（blue）の波長を読むセンサです．この赤・緑・青という 3 つのバンドの画像データを合成すると，人間の眼で見た色と同じ画像になります．つまり「色の三原色」です．これを「トゥルーカラー（true color）」といいます．Google Map の衛星画像なども，これと同じ原理です．

Landsat8 には，11 ものバンドがあります．ご存じのように太陽光には，近赤外線や赤外線など，人間の眼には見えない波長の光も含まれています．そう

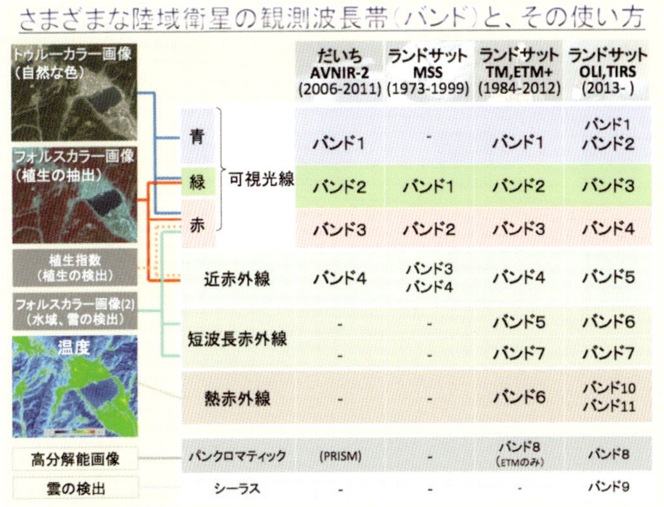

さまざまな陸域衛星の観測波長帯（バンド）と、その使い方

トゥルーカラー画像（自然な色）
フォルスカラー画像（植生の抽出）
植生指数（植生の検出）
フォルスカラー画像(2)（水域、雪の検出）
温度
高分解能画像
雲の検出

		だいち AVNIR-2 (2006-2011)	ランドサット MSS (1973-1999)	ランドサット TM,ETM+ (1984-2012)	ランドサット OLI,TIRS (2013-)
可視光線	青	バンド1	-	バンド1	バンド1 バンド2
	緑	バンド2	バンド1	バンド2	バンド3
	赤	バンド3	バンド2	バンド3	バンド4
近赤外線		バンド4	バンド3 バンド4	バンド4	バンド5
短波長赤外線		-	-	バンド5	バンド6
		-	-	バンド7	バンド7
熱赤外線		-	-	バンド6	バンド10 バンド11
パンクロマティック		(PRISM)	-	バンド8 (ETMのみ)	バンド8
シーラス		-	-	-	バンド9

図 6.13　各種衛星に搭載されたセンサのバンド（©YAC，JAXA）
一番右側が Landsat8.

いう波長のデータを取得するために，たくさんのセンサが搭載されているわけです．そして波長帯（バンド）には，番号がついています（図 6.13）．Landsat8 の場合，熱赤外線のデータはバンド 10 とバンド 11 です．2 つあるのは，波長の範囲を 2 分割しているからです．今回は，バンド 10 のデータを利用します．衛星データというものは，いうまでもなくデジタルデータですが，どのバンドの画像も図 6.14 のように見た目はほとんど黒っぽい状態です．（かつては光学カメラを使用し，記録媒体もモノクロのフィルムでした）．バンド 10 に限らず，こうした黒い画像のデータを利用するときは，衛星データ解析用のソフトウェアで色をつけたり，複数のデータを合成したりします．

話を湧水に戻します．国分寺崖線にある湧水は，崖のようになった地層の部分から浸み出しているものでしょう．したがって地下水と同様で，四季を通じて温度の変化が小さいはずです．周囲の環境が高温の夏なら，ひんやりと冷たく，反対に冷え込むような冬には心地よい暖かさです．要するに，他の部分とは異なる温度分布になっているはずですから，夏や冬の衛星データを可能な限りたくさん集めて照合すればよいわけです．

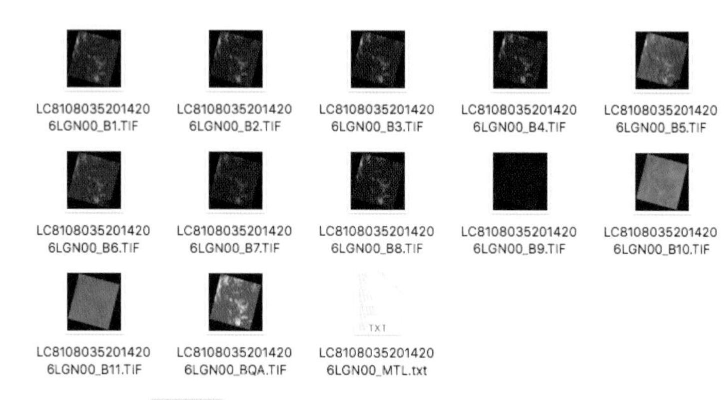

図 6.14　11 バンドからなる Landsat8 のデータ

とはいえ，話はそう簡単ではありません．地球観測衛星は，高い軌道を周回しながらデータをとっています．Landsat8 や ALOS の場合，軌道高度は 700 km です．しかも地表からの太陽光の反射を計測するので，地表近くが雲に覆われていれば，よいデータはとれません．地上に積雪があっても，もちろんダメです．そのためインターネット上で USGS のウェブサイトにアクセスし，公開されている数年間分のデータを，片っ端から調べなければならないので，けっこう時間のかかる作業です．彼が集めてきたバンド 10 のデータは，なかなかいいものでした（図 6.15）．

右下にあるのは，RGB のバンドを合成してわかりやすくしたトゥルーカラー．ほかの4つは，バンド10の四季のデータです．左上から順に，1月，5月，8月，10月で，温度が高いほど赤く，低いほど青で表示するように設定してあります．画像が小さくてわかりにくいかもしれませんが，左上の 1 月の画像では，彼が確認してきた湧水の場所は，他のエリアに比較して温度が高いことがわかります．一方，左下の 8 月の画像では，他のエリアに比べて温度が低いことがわかります．これは，寒暖差の大きな冬と夏においても，この部分は温度の変化が小さいということでしょう．そればかりではありません．その温度変化の小さい部分は，「点」ではなく「への字」状の線になっています．もしかしたら，地上では木々に覆われているなどして彼が確認できなかったところでも，湧水の浸み出しているところが少なからずあるのかもしません．

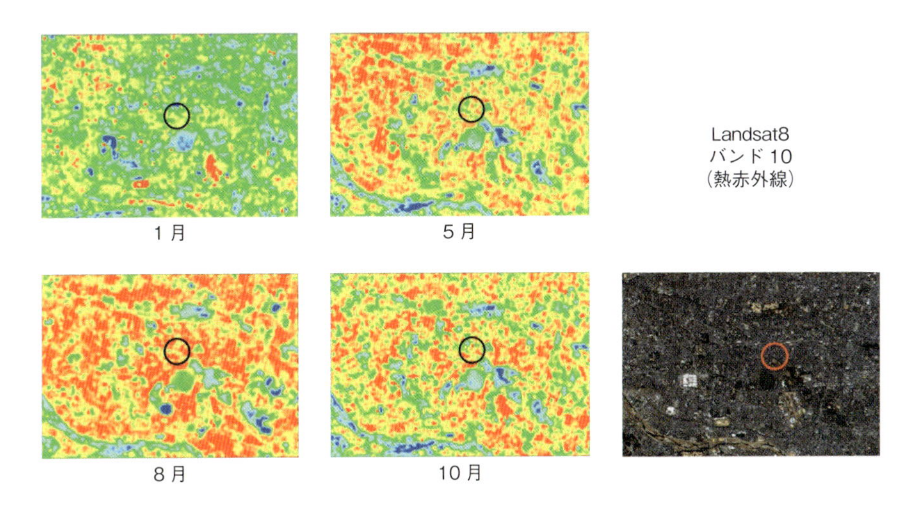

図 6.15　多時期のデータの比較
○が，湧水のある部分．Landsat8 バンド 10 による画像を加工．

ここまでくると，もっと深く調べたくなるでしょう．つまり水が浸み出しているということは，植物も育つということです．それを確認できるのが，近赤外線のデータです．太陽光のなかには，近赤外線も含まれています．ご存じのように植物は太陽光のもとでクロロフィル（葉緑素）によって光合成をしながら成長しますが，そのときに近赤外線は不要のようです．不要ということは，吸収したり透過したりせずに反射してしまうということです．逆の視点に立てば，近赤外線のデータを見れば，植物が活発に成長しているか否かを確認できるということでしょう．

これについては私の故郷・新潟県のなかでも，コシヒカリの産地として知られる南魚沼地方の衛星データを比較してみると一目瞭然です．まず 5 月と 8 月のトゥルーカラーです（図 6.16）．南魚沼では，5 月の初め頃にイネの苗を植えます．いわゆる田植えです．地上で見る水田は，やわらかな産毛が並んでいるようです．だからトゥルーカラーの衛星データで見ても，平野にはさほど緑色がありません．水田の部分は，グレーに近い茶色です．一方，8 月の画像データでは，水田がはっきりと緑色になっています．魚沼地方では，ほんのわずかですがイネの花も咲き，成長の最高潮に達しています．

図 6.16　Landsat8 によるトゥルーカラー画像
左が 5 月，右が 8 月．Landsat による画像.

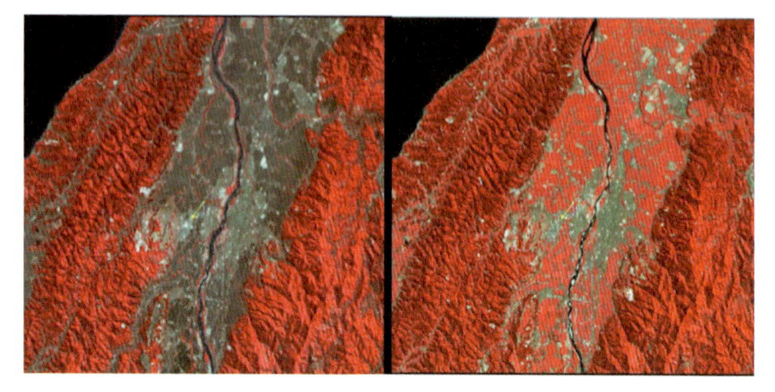

図 6.17　Landsat8 による近赤外線データの画像
左が 5 月，右が 8 月．Landsat による画像.

この２つの画像を，近赤外線によるデータで比較すると，その違いがよりいっそう明確になります（図 6.17）．赤い色は，近赤外線の反射，すなわち植物が活発に成長していることを示しています．興味深いのは，5 月には山の木々が成長しているのに，水田はほんのちょっとピンク色がかってきただけということです．春の陽ざしに木々は芽吹いているけど，イネはまだ産毛というのが，ここからもよくわかります．しかし 8 月の近赤外線データは，まるで違います．平野部の水田は赤い色になり，光合成の活発さを見せています．魚沼のコシヒカリは，このまま順調に 6 週間ほど太陽光を浴びて育ち，9 月の半ばに

図 6.18　近赤外線データを鳥瞰図にした画像
鳥瞰図的な画像．南から北の方を見ています．Landsat による画像を加工．

なると刈り入れになります．

上の画像は，いずれも近赤外線のデータを利用し，さらに標高データも加えたものを，真上から見た状態に表現しています．これを，鳥瞰図的にして少し拡大したのが，図 6.18 です．少しコントラストを強調したのですが，同じ平野の水田でありながら，よく見るとところどころに，ほんのわずかですが，赤色の強さにばらつきがあります．話が少々脱線しますが，このあたりの小学校には，「学校田」があります．小さな規模ですが，立派な水田です．ここで 6 年生たちは，春の田植えから秋の稲刈りまでを自分たちの手で行い，米づくりの実際を学び，卒業していくのです．やがて彼らは中学へ進み，隣接する小学校からきた子どもたちと級友になり，学校田のことを話題にしたりします．ところがここで，となりの学区の学校田と自分の小学校とで，稲刈りの時期にわずかながら差があることに気づきます．田植えの日は同じなのに，です．私はこの話を，地元の小学校の校長先生から聞き，たいへん興味をもち，図 6.18 のデータをつくりました．イネの生育期間の差は，おそらくは水田に引き込んでいる水の温度の違い，また近くに山があるかないかなどによる日照時間の違いにあるのではないかと考えています．近赤外線や熱赤外線のデータを精査すれば答えは見つかるかと思いますが，時間に追われる毎日で，残念ながらまだそこまではやっていません．

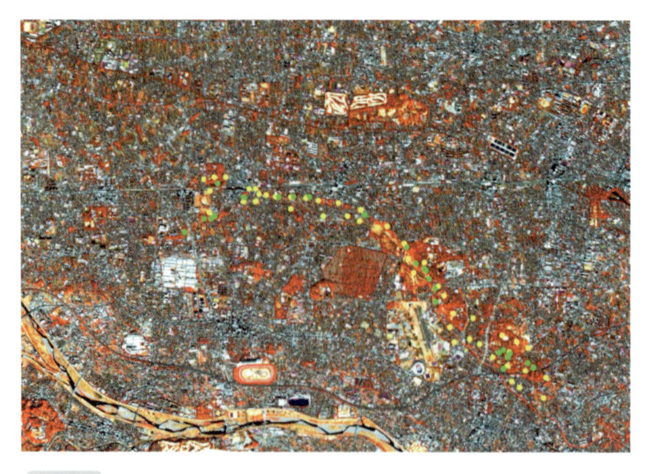

図 6.19 近赤外線データ上の遺跡と湧水（Landsat による画像を加工）

ふたたび話を，崖線に戻します．熱赤外線のデータにより崖線付近には温度変化の小さい部分が，「への字」状にあることがわかりました．つぎに彼は，Landsat8 の近赤外線データにより，植生を調べました．しかしこれは，あまり明確な結果は得られなかったようです．なぜならば，もともとこの一帯は徳川の時代からお狩場とされていた上，近年には多磨霊園や武蔵野公園，神代植物園などの緑地がたいへん多いのです．しかも崖線付近も，その急傾斜の地形から緑地のまま保全されている場所が少なくありません．要するにあまりに緑が多いゆえに，植生と湧水を結びつけるのは，衛星データの近赤外線データだけでは難しかったようです．

それでも彼は，その後も崖線付近にある縄文遺跡や湧水を調べ続けました．その結果を近赤外線データの上に入れたのが，図 6.19 です．緑の点が縄文遺跡．黄色の点が，冬と夏の温度差が小さい部分と湧水の位置です．やはり遺跡と湧水（あるいはかつて湧水があったと思われる場所）の間には，密接な関係があるようです．これだけでも十分にわかりやすいのですが，図 6.18 のように標高データも加えて鳥瞰図的にすると，さらによくなります（図 6.20）．

拡大して鳥瞰図的にすることで，わずかですが崖線が段差になっていることがわかります．縄文遺跡を示す緑の点は，その崖線に沿って存在しています．

図 6.20　縄文遺跡，湧水の位置などを鳥瞰図にした画像
崖線に沿って縄文遺跡が「への字」に存在しています．Landsat による画像を加工．

また近赤外線のデータを鳥瞰図的にしたことで，崖線沿いに植生があることも赤い線で見えています．画像の左側にある大きな楕円は，府中の東京競馬場です．芝のコースが鮮明な赤色に浮き上がって見えます．手入れの行き届いた芝は，光合成が活発であることがわかります．

遺跡の位置などは，自治体の教育委員会による発掘調査資料や学術文献などから高校生でも容易に調べることはできます．崖線の位置についても，今やインターネットで調査資料を探すことができるでしょう．高校 1 年生が，自宅近くにある縄文遺跡についてもっていた疑問は，これで解決したようです．

6.4 合成開口レーダーによる調査研究

ここまでに紹介してきたのは，地球観測衛星に搭載されたセンサや，標高データによる調査手法でした．いずれも，地表面から反射する太陽光の波長を利用する，いわば受動的な方法です．これに対し能動的な方法もあります．太陽光の代わりに，衛星が自分から地上に向けてマイクロ波を発信し，その反射を受信するやり方です．平たくいえば，飛行場の管制塔にあるレーダーの衛星版です．管制塔のレーダーは，上空に向けてマイクロ波を発信し，飛行機からの反射を受信することで，その位置を確認します．

図 6.21　ALOS-2（だいち 2）（JAXA）
下にあるのがレーダー部．

いうまでもないことですが，マイクロ波を使えば太陽光のない夜間でも観測できます．また雲や雨の影響も受けにくいので，ほぼ全天候の観測が可能になります．JAXA の地球観測衛星 ALOS（だいち）にも，PALSAR という合成開口レーダー（SAR）が搭載されていました．現在は，SAR に特化した ALOS-2（だいち 2）が，運用されています（図 6.21）．

地球観測衛星に使用されるマイクロ波は，その波長によっていくつものバンドに分類されます．一般には，L バンド（波長 150〜300 mm），C バンド（波長 37.5〜75 mm），X バンド（波長 24〜37.5 mm）が使われます．L バンドは，樹木を透過して地表から反射します．大きな幹などは無理ですが，小さな葉っぱなどは透過してしまうのです．また，乾燥した砂漠地帯などでは L バンドのマイクロ波は砂中にも入っていきます．そして何か固体があれば，そこで反射します．日本の東海大学の研究チームは，この性質を利用し，エジプトの砂漠地帯に埋もれていた遺跡を史上初めて発見しました．これが，衛星技術と歴史を結びつけた「宇宙考古学」誕生のきっかけとなりました．

私も，SAR を利用して土中の古代道路遺構を見つけるために，いろいろやっています．「五畿七道」という古代の道路をご存じでしょうか．600 年代の終わりから 700 年代の初めにかけて建設された官道です．律令制の時代の「スーパーハイウェイ」ともいわれています．東海道や西海道，北陸道や東山道など日本列島を動脈のように走り，朝廷と各地の国府を結んでいました．これによって，古代の中央集権が確立したといっても過言ではありません．そして大きな特徴は，とにかく可能な限り直線的につくられていたということです．さらに道路の幅は，一般的には 12 m もあり，まさにハイウェイです．その上両側に排水溝があるのですが，その幅はなんと 2〜3 m もあります（図 6.22）．深さは 3 m 以上あるようですが，補修のたびに浅くなってきたようです．

五畿七道の道路遺構は，発掘によって確認されたところもありますが，いまだ未確認の部分も少なくありません．開発により宅地になっていたり，堆積土に覆われた地表が田畑になっていたりすることがあります．しかし降雨が続いた後などに，気候のちょっとした変化により畑の表面に古代道路の排水溝らしき平行の2本線が，シミのように出ていることがあるのです．こうしたものをソイルマークといいます．土中の排水溝にたまった水分が，毛細管現象で地表に出ているものと思われます．

図 6.22　東山道の側溝（排水溝）（井上直人撮影）

これまで私は，土中に道路遺構があるなら，地表の植生はほかとは異なるはずだと考え，近赤外線のデータを利用して調べてきました．そして，群馬県太田市を東西に走る東山道の，それらしい部分を見つけることはできました．しかし，自分で納得できるほどのホームランではありません．今ひとつ，不鮮明なのです．できればSARを使い，もっと鮮明なデータをとりたいと思い続けました．しかしALOSに搭載されていたSARの解像度が低い上，そもそも日本の土壌はエジプトの砂漠地帯とは異なり湿潤なことから，この方法はあきらめていました．

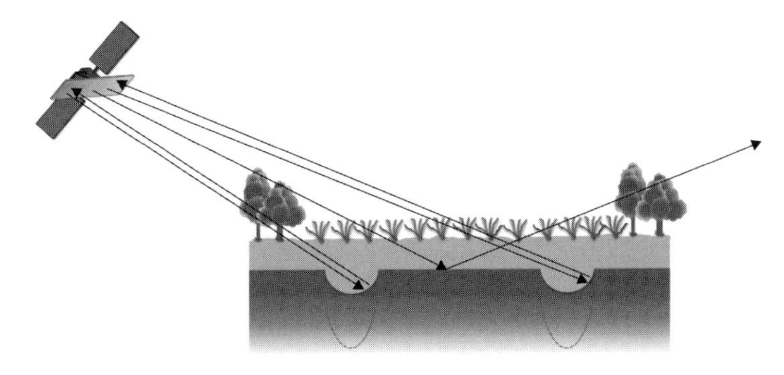

図 6.23　ALOS-2により道路遺構の側溝は見つかるか

ところが，ALOS-2では解像度が飛躍的に向上し，土中のさして深いところでなければ，マイクロ波が入っていくらしいこともわかってきました．そんなことから，ふたたび土中に埋もれている古代道路遺構を見つけようと取り組んでいます．図6.23のように，衛星データにより道路遺構を見つけることが夢です．この方法が成功すれば，日本と同様に土壌が湿潤な東南アジアの国々でも，遺跡を見つけることが可能になります．遺跡が世界遺産に認定されれば，観光資源になります．観光地には，道路が必要不可欠です．事前に埋蔵文化財の位置を特定できれば，そうした道路の建設によって遺跡を傷つけることも防止できます．その結果，保全・管理された遺跡は，地元の資産になるでしょう．そういう日が一日も早くくることを願っています．

引用文献

宇治谷孟（訳）：日本書紀（上）全現代語訳，講談社学術文庫，1988.

中村啓信（訳注）：新版 古事記 現代語訳付き，角川ソフィア文庫，2009.

ALOS：JAXA http://jda.jaxa.jp/index.php（最終閲覧日：2019.9.2）

Landsat：USGS https://earthexplorer.usgs.gov/（最終閲覧日：2019.9.2）

参考文献：初心者向け

近江俊秀：日本の古代道路　道路は社会をどう変えたのか，KADOKAWA，2014.

岡田康博・小山修三（編）：縄文鼎談　三内丸山の世界，山川出版社，1996.

坂田俊文：宇宙考古学—人工衛星で探る遺跡と古環境，丸善，2002.

参考文献：中・上級者向け

宇治谷孟：続日本紀（上）（中）（下）　全現代語訳，講談社学術文庫，1992／1992／1995.

露木　聡：リモートセンシング・GISデータ解析実習 入門編 第3版，日本林業調査会，2016.

コラム

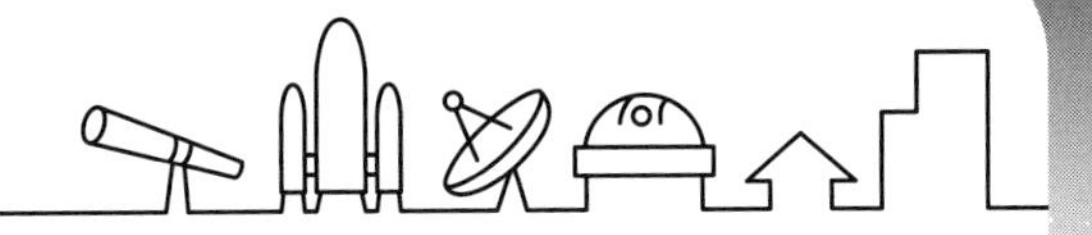

歴史文献中のオーロラ記録

玉澤春史

本巻第3章「オーロラ」でも言及された，過去の文献に眠るオーロラの記録を探る研究の一端として，日本全国で見られたオーロラについて説明しながら，そもそもなぜこの研究が始まったかご紹介しましょう．

太陽の現代的な科学観測は，太陽フレアに限っても200年未満，黒点のスケッチも長期間続けられるとはいえ，望遠鏡が発明されてからの400年程度の歴史しかありません（第1巻第4章参照）．たとえば1000年に一回程度の巨大な太陽フレアが起こったかどうかを調べるには，この時間スケールは十分ではありません．では，どのようにしてさらに長期間の情報を得たらよいでしょうか．

太陽フレアは肉眼では見えませんが，その発生源となる黒点のうち，巨大なものであれば（太陽を直接見てはいけませんが）望遠鏡などを使わずとも見えてしまうこともあります．また，フレアにともなって発生・噴出するプラズマ（コロナ質量放出）が地球の磁場と衝突した結果，オーロラが見えますが，これが巨大な場合は日本などでも見えることがあります．稀な現象は人々の記録に残っていることがあり，こういった記録を活用することで，昔の太陽の姿に近づくことができます．ただし，本当にその記述がオーロラを示しているのか，という判断は，文献を歴史学の面からみる必要もありますし，記述内容を自然科学の面からもみる必要があります．複数の場所で観測された記録があれば，オーロラの候補としては非常に有力になるため，さまざまな地域・言語，そして時代の専門家との協力が必要です．自然科学の側も，現象をより正確にとらえるため，太陽物理，地球物理などのさまざまな分野の協力が必要です．

このように，自然科学と歴史学の双方の研究者が一緒に同じ史料を検討することが，過去の記録から太陽活動の情報を引き出すことに不可欠になります．2014年の春に始まったこの研究は，当時理学と文学の学生2人の思いつきに

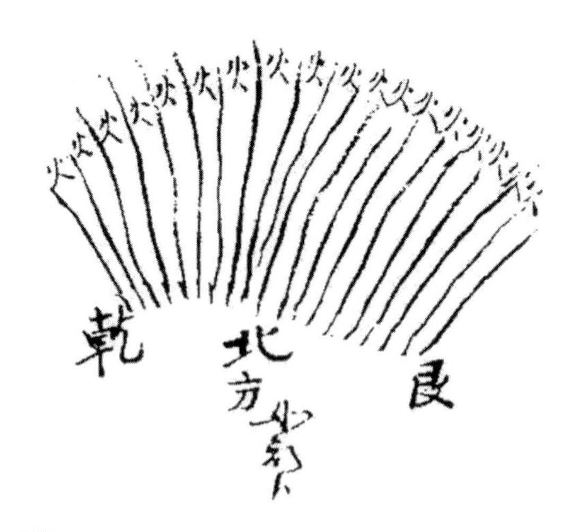

図 「枚方市津田村年寄日記」におけるオーロラを現した図

より始まりました．京都大学宇宙ユニットではさまざまな分野が連携して研究を行っています．そのなかでも学生が主体となってスタートした研究の1つがこの研究です．自然科学だけでなく人文社会科学までも含めた宇宙ユニットならではの内容であり，学生主体のチャレンジングな研究を関係者がサポートしたことで研究成果が出てきました．

一例として1770年に日本全国でオーロラが見られたときのことをご紹介しましょう．「見人正是大火也」（『星解』），「北天火気如朱砂」（『内山真龍翁伝』）など，さまざまな人々が，それまで見たことのない現象をなんとか自分の言葉で表現しようとしているのがわかります．このときのオーロラの記録は文章だけでなく絵としても残っています．尾張の高力種信が残した「猿猴庵随観図会」（第1巻第1章の図1.2）には赤く染まる夜空とともに，人々がどんな行動をとったかが図絵に描かれている一方，その下には火事かと思い屋根にのぼってひしゃくで水をかけている人や，僧侶に何事かと相談している人々など，当時の様子を絵として残しています．「猿猴庵随観図会」のようなカラーのものもありますが，図に示すような白黒のものもあります．「枚方市津田村年寄日記」には何とかみたものを表そうと，方角と形状のほかに「火」と何カ所にも書き込まれています（木谷，2014）．日本全国，さらには中国，そして南半球ではティモール島の西沖と，沢山の目撃記録を使うことにより，巨大な磁気嵐がたしかにそのとき起こったことを示すことができたのです．このときヨーロッパでは巨大な黒点のスケッチが残されており，巨大な太陽フレアに起因するものであることが強く示唆されます．

今では国内外のさまざまな分野の研究者の協力から，世界中，さまざまな時代の史料を検討し，あったかもしれない巨大な太陽の爆発探しに日々励んでいます．

［本稿はJSPS科研費JP18H01254の成果の一部です］

引用文献

Ebihara, Yusuke *et al.*: Possible cause of extremely bright aurora witnessed in East Asia on 17 September 1770, *Space Weather*, **15**: 1373–1382, 2017.

Hayakawa, Hisashi *et al.*: Long-lasting extreme magnetic storm activities in 1770 found in historical documents. *Astrophysical Journal Letters*, **850**（L31), 2017.

木谷幹一：枚方市津田村年寄日記に記録された江戸時代中期の天文記録と明和7年低緯度オーロラ発生前後の気象．フォーラム理科教育，**15**: 41–46，2014.

参考文献：初心者向け

岩橋清美・片岡龍峰：オーロラの日本史，平凡社，2019.

とくに日本の歴史文献を使ったオーロラの研究についてわかりやすく書かれています．

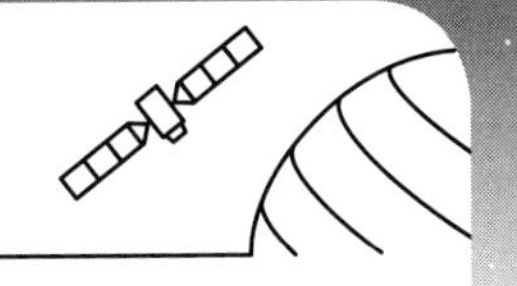

あとがき――宇宙総合学の発展

家森俊彦

京都大学総合博物館での展示を契機として2008年に設立された京都大学宇宙総合学研究ユニット（以下，宇宙ユニット）は，その後大きく分けて2つ，すなわち，(1) 宇宙を理解するとともに，その宇宙への人類の進出にかかわる理工学的および医学・生物学的視点からの研究・教育，(2) 人間文化あるいは精神と宇宙のかかわりという視点からの研究・教育，という両輪で発展してきました．1960年前後に宇宙時代の幕が開けて以来，約60年が経過し，ジオスペースと呼ばれる地球周辺の宇宙空間には常時数百個以上の人工衛星が飛翔・活動し，通信や地球環境の観測，あるいはさまざまな科学観測が行われています．宇宙技術の発展により，月や火星での有人基地建設も今や夢物語ではなくなりました．理工学的視点からは，磁気嵐やバン・アレン帯という名で知られるジオスペースを流れる巨大な電流や放射線帯高エネルギー粒子の変動を対象とする宇宙天気研究，最近では，これらの変動を起こす源となる太陽フレアの発生予測に焦点をあてた研究などが行われてきました．太陽フレアの研究には民間企業（BBT）も参加し，ここ数年広く用いられるようになったディープラーニングと呼ばれる機械学習の手法が紹介・利用されました．

宇宙ユニットでは，人間文化あるいは精神と宇宙のかかわりという視点から，古代の文明と宇宙とのかかわりについての国際シンポジウムや，海外調査への学生派遣を行ってきました．これらの活動には，主として2014～2015年度概算要求・特別経費「宇宙開発利用を担うグローバル人材育成のための宇宙学拠点の構築」，2016年度以降は，国立大学法人機能強化促進費の一部などがあてられました．また，人類の宇宙進出と哲学・倫理学のかかわりについても，宇宙倫理学という学問分野を確立すべく研究会やセミナーが開かれてきました．

一般社会への宇宙総合学の啓蒙活動として，宇宙ユニット創設以来，毎年宇宙ユニットシンポジウムが開催され，2019年の今年は，第12回を数えました．このシンポジウムには，小・中学生から，高校生，大学生，一般社会人，研究者まで幅広い層からの参加を得ています．2016年度からは，上記特別経費が一般経費化され，宇宙ユニットにはある程度の活動費が安定して配分されることになりました．そのため，それまで併任のみであった教授陣に，専任教授（宇宙飛行士の土井隆雄特定教授）が着任し，わが国ではおそらく初めての試みとなる有人宇宙活動を主題とする教育・研究活動が始まりました．

シリーズ「宇宙総合学」第2巻 の本書では，宇宙ユニット構成員による理工学的視点からの宇宙およびジオスペースの研究，および人文学の視点から人および社会と宇宙とのかかわりについての研究が紹介されています．これらは，各章の執筆者が宇宙ユニットセミナーなどで講義した内容をもとに構成されました．

各章の内容は，執筆者達が長年研究してきたことが基礎になっていることは言うまでもありませんが，宇宙ユニットの活動が，それらの研究を更に発展させるとともに，その成果の一部を，広範な読者を対象とする本シリーズとして結実させました．

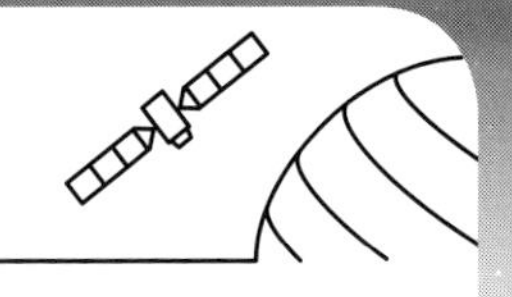

索　　引

カ　行

サ　行

タ　行

ナ　行

ハ　行

マ　行

ヤ　行

ラ　行

ワ　行

シリーズ〈宇宙総合学〉2
人類は宇宙をどう見てきたか　定価はカバーに表示

2019年12月10日　初版第1刷

編　集　京都大学宇宙総合学研究ユニット
発行者　朝倉誠造
発行所　株式会社　朝倉書店
東京都新宿区新小川町 6-29
郵便番号 162-8707
電話 03(3260)0141
FAX 03(3260)0180
http://www.asakura.co.jp

〈検印省略〉

シナノ印刷・渡辺製本

ISBN 978-4-254-15522-8 C 3344　Printed in Japan